BLACK SWAN 黑天鹅图书

为人生提供领跑世界的力量

BLACK SWAN

别再用勤奋掩饰你的懒惰

阿何 著

浙江人民出版社

图书在版编目（C I P）数据

别再用勤奋掩饰你的懒惰 / 阿何著 . — 杭州 : 浙江人民出版社 , 2016.12

ISBN 978-7-213-07666-4

Ⅰ . ①别… Ⅱ . ①阿… Ⅲ . ①成功心理—通俗读物 Ⅳ . ① B848.4-49

中国版本图书馆 CIP 数据核字 (2016) 第 260332 号

别再用勤奋掩饰你的懒惰

阿何 著

出版发行 浙江人民出版社（杭州市体育场路 347 号邮编 310006）

责任编辑 陈巧丽

责任校对 朱 妍 朱志萍

封面设计 蔡小波

电脑制版 刘 宽

印 刷 北京嘉业印刷厂

开 本 880 毫米 ×1230 毫米 1/32

印 张 8.5

字 数 188 千字

版 次 2016 年 12 月第 1 版

印 次 2016 年 12 月第 1 次印刷

书 号 ISBN 978-7-213-07666-4

定 价 38.00 元

有益的思考+坚持做事情，这才是真正意义上的勤奋。

我们能走多远，不在于在某个区间内的速度有多快，而在于能否沉下心来，认定一个方向，坚持走下去。

通往『牛人』的道路，其实每个人都可以走。你准备好了吗？

人的发展道路往往不是规划出来的，而是我们把当下一件一件的事情做好之后，自然浮现出来的。

没才的，永远不遇。是金子，总有发光的机会。

每个人来到这个世界，世界都会给他很多礼物。

生活逼迫我们戴着面具艰难地生存，我们则把心底所有的负面情绪倾倒给了自己爱的人和爱自己的人。

你不开始去做这件事情，你可能永远都找不到方向。

目 录

CONTENTS

别再用勤奋掩饰你的懒惰

第一章

世界从不辜负你的努力

CONTENTS

别再用勤奋掩饰你的懒惰

第二章

你的人生，你来定义

CONTENTS

第三章

成功并非触不可及

CONTENTS

第四章

鸡汤有毒

别再用勤奋掩饰你的懒惰

CONTENTS

第五章

别走太快，一切都来得及

第一章

世界从不辜负你的努力

找到一个自己感兴趣也比较擅长的领域，长期专注地做下去，为自己的学习和工作引入改进机制，同时找到持续进步的方法。

努力奋斗，是为了对这个世界有说“不”的权利

一

我是一名工作狂，一周 7 天不休息的现象已经持续了很长时间。同时，我好像对“钱”有着比较狂热的追求，任何一件事情，如果具有较大的“赚钱”的可能性，我一般都会去尝试一下。

但事实上，我的物质要求并不高，我住着一套小房子，身上穿的都是从淘宝买来的几十块钱的衣服。除了热衷于购买电子产品，我没有任何其他嗜好。

所以身边的人对我的“工作狂”状态更加难以理解：你这不是有病吗？赚钱又不花，钱这个东西也带不进棺材，你要那么多干啥？为

啥不让自己活得潇洒一点？

我说：**我是为了理想，你相信吗？**

朋友说：去你的！

二

我说的是真话。但众所周知，现如今，真话反而最难让人相信，所以很多朋友都觉得我这个人比较扯淡，不真诚。

其实我之所以这样卖命，一是因为做自己喜欢的事情，更重要的是我的理想和别人有所不同——**我希望自己具有向这个世界说“不”的权利。**

这话我很少对外人说，但这真的是我从小到大的一个梦想。

三

我不愤世嫉俗，我真心地爱着这个世界，巴不得自己还能继续活八辈子。

奈何投胎时选择了“hard（艰难）”模式，从小便比大多数人吃过更多的苦。吃苦其实没啥，吃着吃着也就习惯了。真正让我比较难受的是，因为穷，很多时候我别无选择。

让我印象比较深的几件事情：

中学的时候，家里交不起学费，需要挨家挨户去借钱。我知道母亲也是个脸皮薄、自尊心强的人，便提出：你不用去了，我去跟村里人借钱吧。

母亲说：你小孩子一个，别人怎么可能借钱给你。不行，我去，你待在家里！

两个人吵了半天，最后谁都争不过谁，就一起去了。

钱最终是借到了，肯定也少不得要死缠烂打。不管怎么样，我到现在都衷心感谢这些给我提供过帮助的邻居。但那时候还是一个小孩子的我还是很难受的。可我没办法说“不”，因为生活只为我提供了这条路。

如果那时候说“不”，也就没有今天一边吹着空调、喝着咖啡，一边写文章的我了。

毕业后我自己开公司，做网络营销外包服务。一次和客户吃饭喝酒时，我说：s总，我已经“三高”了，这顿能不能不喝？

客户说：小何啊，跟别人都喝到“三高”了，跟我就不喝，分明是不把我当兄弟嘛。

最后，我只好一只杯子盛一两白酒，一口闷，统共喝了半斤多。

我知道客户没啥恶意，最后单子也谈下来了。可是我心里还是难受，这并非矫情，而是为自己的所作所为感到恶心。

那时候我还是没法说“不”。因为我不能只考虑自己，我还要为背后几十号兄弟着想，大家都要吃饭，每个人都不容易。

在一次次的无奈和妥协中，我变得越来越不像自己。最后终于变成另一个人，变成了我不喜欢的那种人。

四

毕业工作，特别是创业后，我的收入在不断增加，这种不舒服的感觉却在不断增强。

社会早已经制定好了游戏规则，我们每个人都在扮演自己的角色。

想要打破游戏规则，就必须跳出这个舞台。

从那时候起，我便发誓：**首先为了不再因为钱而去做自己不愿意做的事情，我一定要赚很多很多的钱；其次我不能为了赚钱而去做自己不喜欢的事情。**

很拗口是不？简单来说就是我变得矫情了，任性了，“没钱任性”的那种。

做了决定之后，我的网络外包服务不做了，而是另起炉灶，开始干自己喜欢的事情，并且期望堂堂正正地赚钱。

听起来很轻松是不？那时候可是有很多人把我当疯子看待的。但幸好我坚持了下来，而且现在也看到了前方的曙光。

当学会说“不”的时候，我开始找回自己。

五

我擅长和人打交道，但我不喜欢社交。如果没什么必要，我更喜欢一个人安静地待着。

我酒量不错，但我不喜欢喝酒。当然，高兴了和朋友喝几杯的那种不算。我觉得喝酒就是喝酒，千万别和任何其他事情扯上关系。

曾经的我们，所犯的最大的错误就在于：我们觉得这个世界的成功是有模板的。为了成功，我们必须把自己变成模板里的那种人。

但现在我明白了，成功从来不存在模板。这个世界是多元化的，你成功了不是因为你套用了什么模板，你就是你。

迁就规则或许可以成功，但这并不意味着成功一定要迁就规则。甚至当你成功以后，你就是规则。

这个世界，不是给易于迁就的人预留的，而是给有人生方向、能够做好自己的人准备的。每个人的路都不同，沿着别人的路并不能找到自己的归宿。

我就是我，不一定是烟火，但一定要灿烂。

期待你跟我一起，去找回自己！

努力之前，
你没有资格感叹命运不公

一

这个世界，最大的公平就是“它是不公平的”。这个现实非常残酷也非常公平，公平到我们每一个人都要面对它。

如果把我们的人生比作一场游戏，那么在新建账号的时候，有些人仓库里一贫如洗，可另外一些人可能已经囤了好几把神器。更令人沮丧的是，可能我们开启的是“Hard（艰难）”模式，而别人的却是“Easy（简易）”模式。我们都在同一个战场厮杀，又或者结伴而行。只是面对人生的修行，每个人的解读都不一样，最后的结果也自然不同。

二

H 和 L 都是我很好的朋友，从小玩到大的那种。

H 家里经商，在我生长的小县城里虽然算不上顶级富裕的家庭，但也不用考虑生活的问题。同类人当中，H 算是性格脾气比较好的那一种，并未沾染太多纨绔子弟的坏习性。唯有一点，H 超级厌恶学习，成绩在班上是无人敢争的第一——当然，是倒数的那种。

L 则是寒门优秀子弟的代表，家境贫寒，很小就非常懂事，悟性也不错，学习成绩非常好。更可贵的是，L 非但没有因为自身遭受的磨难而对社会和人生产生任何抱怨的心态，反而始终非常乐观。

很多人都感到很奇怪——其中也包括我自己——H、L 和我，看起来不搭界的三个人，居然会成为非常要好的朋友，这些年经历过不少风风雨雨，没想到磕磕绊绊中竟能将这关系维持至今。

我和 H 一直坚信：凭 L 的乐观、勤奋和天分，终能闯出自己的一片天地。

我和 L 有时也会担心：如果 H 一直处于“不学无术”的状态，只怕难以继承他父亲的事业。

而事实上后面发生的事情和我们预想的都不太一样，生活有它自己的剧本。

L 如愿考上了国内最好的大学，以非常优异的成绩毕业后进入一个所有人都羡慕的好单位。但命运仿佛跟他开了一个大大的玩笑：两年后企业竟遭遇巨大变故，倒闭了，之后他辗转换了几次工作，却都没有太大的起色。

那几年的同学聚会，L 都没有来参加。大家都猜测这或许是因为“失意”。毕竟当年是天之骄子，如今和一帮老同学相比“混得那么差”，终究放不下脸面。

我和 H 都认为 L 不应该是这样的人，但也害怕触碰到他敏感的神经，只能通过旁敲侧击去了解他的生活。

从野鸡大学毕业后，H 过了几年“游手好闲”的日子，谁也没想到后面会发生那样让人刮目相看的事：不知道从哪天起，他好似“幡然悔悟”，开始正正经经地跟着老爸做生意，并且展现出极高的天赋——只用了 3 年时间就让公司营业额翻了好几倍，不仅如此，H 还如愿娶到娇妻进门，一跃成为众人眼中的“人生赢家”。

曾经，我也这样想：命运待 L 何其不公！客观地讲，L 的能力确实比 H 强，但两人间的发展差距却不可以道里计。难道就因为家庭出身的关系，就要接受如此“不公平”的结局？如果生活的本质就是如此，那么我们的努力还有什么意义？

偶然的一次机会和 L 详谈时，他解答了我的疑问，并且给我上了一课。

三

说实话，再次见到 L，我是非常吃惊的。因为在我的想象中，他应该还在某个公司打拼，默默地等待属于自己的机会。

但事实是：L 已经是一家拥有 100 多个员工的公司老板，公司年营业收入几千万元，盈利状况相当不错，同时也有了非常爱他的妻子和一个可爱的女儿，可以说是实现了人生的跨越。

在一个小酒馆里，我和 L 喝得酩酊大醉。借着酒劲，我向 L 提出了藏在心里多年的疑问：**这几年，你到底跑到哪里去了？最失意的时候，你是否也曾感叹命运的不公？**

“命运的不公？我真的从来没有这样的想法！现在没有，那几年也没有！”

L 爽朗一笑说道。以我对他的了解，我知道这是他的心里话。而他接下来说的话，到现在我依然记忆犹新。

L 的意思概括如下：

我知道很多人都拿我跟 H 相比，而且最终结论就是读书好不如出身好，其实大家都忽略了一件事：**每个人来到这个世界，世界都会给他很多礼物。**家庭条件是一份礼物，个人的禀赋同样也是一份礼物。H 的幸运在于他有一个很好的事业平台，但我也不差呀，上天给了我一个聪明的头脑，这就是 H 所欠缺的，所以我不会去感叹命运不公，相反，我会感恩命运给我的一切。

对于“努力”这件事，L 的看法也让我很受启发：

“很多人都喜欢将努力和结果挂钩。比方说我努力了那么久，只是前几年过得不好，很多人就说努力没有用，不如出身好。现在我成功了，他们又开始说努力可以改变命运。但在我看来，努力就是努力，结果就是结果。我一直以来的努力，固然是为了追求更好的结果，但更重要的是我喜欢‘努力’本身，以及努力的过程。努力不是为了用结果去证明什么，而是对自己、对人生负责任。”对于 H 目前取得的成绩，L 再次给我启发：

“前几年我那么努力，但混得不好，很多人说命运对我不公平。其实 H 之所以取得现在的成绩，是因为过去两年他甚至比我更加努力。问题是他的努力大家都看不到，都觉得他是因为有个好爸爸，这其实才是对他的不公平。”那一刻，我觉得自己重新认识了 L 和 H。并为自己居然有两位如此优秀的好朋友而庆幸不已。

四

身处世间，每个人必然有这样或那样的迷茫。

找不到方向，努力没有回报，不清楚该如何规划自己的人生……凡此种种，如蛛丝般缠绕我们的心灵。

归结起来，绝大部分烦恼都在于因为迟迟不能跨越“想要”和“得不到”之间的鸿沟，从而对过程中的“努力”产生怀疑。

L 对我最大的启发，就是换一个角度去看待这个世界。

很多时候，命运并没有我们想象的那样不公。你羡慕别人含着金钥匙出生，却不想别人可能正羡慕你有一个聪明的头脑；你羡慕别人一帆风顺，殊不知别人可能也在羡慕你有一个坚强的心灵。

跟很多天之骄子相比，或许命运没有给我们这么多优势，但大部分时候它也没亏欠我们什么。

很多时候，别人的成功没有我们想象的那样容易。你以为别人是因为有个好老爸，所以事业顺风顺水，你却没看到人家多少个凌晨在办公室加班的身影。你只看到别人做什么事情都顺顺当当，却没看到在这之前他做了多长时间的积累。

关于努力这件事，如 L 所说，首先是对自己、对人生负责，然后再去考虑结果。但反过来看，那些成功的人，无疑都付出了巨大的努力。

只是如果一开始就抱着“务必要成功”的心态去努力，往往更容易患得患失，心态失衡。更可怕的在于：**失败明明是因为不够努力，却认为自己已经做得足够好，将失败归咎于命运。**

这才是真正的悲观消极。

回想一下自己，以及身边的朋友，又有多少次将“我已经努力过了”作为失败的借口，作为自欺欺人的挡箭牌？

其实，成功也好，失败也罢，这其中的影响因素都太多太多。更好的做法是斩断它们之间的联系，让“努力”这件事更纯粹一些。

我们之所以努力，原因非常简单，只是我们想要努力，想要做一个努力的人，仅此而已。

别再用勤奋掩饰你的懒惰

一

大概因为毕业的学校还不错，又干着实际上痛苦，但外人看来高大上的“创业”，网络上和现实中经常有人向我取经。

小 A 是我的邻居，刚毕业两年，在一家互联网公司工作，最近有件事让他愤愤不平：公司有位和他同期入职的同事刚刚升职了，但在小 A 看来不管从哪方面看，升职的都应该是他。

“我每天都是第一个到公司的，也几乎是最后一个离开的，而他每天都是掐着点来，掐着点离开。论勤奋程度，我甩他几条街。论个人能力，我也绝对不比他差。为什么老板就是看不到这一点，反而提拔他呢？”小 A 是个性格很不错的小伙子，能让他都感到如此气愤，显然，在他心中那位同事跟自己相比是存在较大差距的。

无独有偶，有个亲戚婶婶最近也特别烦恼。她家小孩眼看就要上高三，面临高考了。孩子学习特别刻苦，几乎每天都要学到十一二点钟，但成绩就是不上不下。甚至被有些原来成绩不如他，也远不如他勤奋的同学反超。

在我们的生活中有挺多这样的例子：明明付出了比别人更多的努力，但似乎就是没人看到，甚至老天爷也没看到，没有给予相应的回报。

身边人的求助让我开始思考这个奇怪的现象，最后还真找到了原因。这里并不想探讨“勤奋”与“结果”之间的哲学关系，而是要探讨，到底怎样的“勤奋”才算是真正的勤奋。

二

我发现的情况是：**大部分人的勤奋往往流于形式，并且容易自我陶醉于“我在进步”的假象，反而忽略了去做那些真正有助于自我提升的事。**

说得更不好听一点，这些人其实是在用勤奋掩饰自己的懒惰。

你是个加班狗，每天 7 点半就到公司，吭哧吭哧干到下午 6 点下班。出去吃个盒饭，回到公司接着拼命到晚上 11 点才回家。

这样很辛苦，但不叫勤奋。

你每天早起晨跑、读书、冥想。你每天都过得很充实，俯视芸芸众生，觉得唯有自己卓尔不群，优秀得耀眼。

你是个有追求的孩子，但这也不叫勤奋。

大部分人对勤奋的理解，都肤浅地停留在这种表面的仪式感上面，而忽视了它的本质意义。更可怕的是一旦你习惯了这样的过程，便很容易从中得到满足感，最后当你发现自己没有得到应有的回报就开始怨天尤人。

什么是对勤奋的肤浅认知呢？

重复性地做一件事情，却缺乏思考。

长时间地做一件事情，却缺乏思考。

以上两种便是最为常见的勤奋误区，也是大部分勤奋却平庸的人陷入发展困境的根本原因。

三

重复且长时间地做事情其实并不难，只要条件具备，大部分人都可以做到。难的是思考。

大约工作了 3 年的时候，因为应酬太多，我体重剧增。大学毕业那会儿是 110 多斤，而这时差不多飙升到了 150 斤。

我决定减肥，采取的方式是每天早上 7 点钟起来去跑步。

我的意志力还算是不错的，减肥计划启动的那一个月，每天都准时去跑步，每次 3 ~ 5 公里，但减肥效果并不理想。客观地说，收效甚微。

去请教一位运动和减肥方面特别专业的朋友，他了解了我的具体状况后说：你这样跑步，身体素质是会提升的，但减肥是没戏的，方法完全错了。

后来他给了我一堆资料，我这个门外汉硬着头皮全部看完，这才了解什么是无氧运动，什么是有氧运动，什么是正确的跑步方式，以及跑步时该给自己配置什么样的装备。我开始知道大部分食物的卡路里，并学会计算自己每日摄入的热量。

在这之后的一个月，状况完全不一样了，体重开始有规律地下降，而且跑起来更加轻松，完全不同于原来那种就像在服苦役一样的感觉。

但在外人看来，这两个时期我的“勤奋”程度其实是差不多的，而结果却有天壤之别。一般来说，后面那个好的结果会被解释为“这是坚持的力量”。

只有我自己明白，这是思考的力量。

有益的思考＋坚持做事情，这才是真正意义上的勤奋。

勤奋不是为了努力，是为了偷懒！

怎样的偷懒？就是更快地把事情做完、做好，是让自己能做以前做不到的事情！

四

创业的第二年，我开掉了公司一位挺“努力”的员工。有些同事，甚至是我爱人都不是很理解。勤奋的员工不是所有老板都喜欢的吗，我为什么没有耐心再给他多些时间，而是采取如此决绝的做法？

原因很简单：这名员工已经得了很深的“勤奋病”，尽管和他有过多次沟通，但他仍然没有改变，最后我只好“痛下杀手”。

他每天 7 点多一点儿就到公司，大部分员工下午 6 点下班，但他每次都要等到差不多八九点才会离开。但问题是，他所在岗位的工作量根本没这么大，为什么需要这么多时间用在工作上呢？于是我便开始观察他。

我首先发现的一个状况是：因为每天起得太早（他家到公司差不多要 1 个小时的车程），所以他上午的工作效率是极低的。差不多从 10 点钟开始，他就会频频打呵欠，直到午休后精神状态才会有所改观。

所以他的大部分工作，其实都是在下午完成的。如此仓促，完成的质量自然一般。有时候实在弄不完，还会弄到更晚，这也是他不得不比别人迟下班的一个原因。

有的时候按时完成了工作，下班后他留在办公室，也并没有拿这段时间来学习、提升，或者总结工作。他干得最多的，是提前去做明天的工作，甚至有几次他会用下班后的时间打扫办公室。

很多次在和他交流的过程中，我都有意无意地提醒他每天不用那么早来上班，每天能干好当天的活就可以了，与其加班去做更多的活，还不如多学点专业知识，提高自己的水平。

可惜我的提醒没什么效果，最后的结果是：他是每天工作时间最长的，但专业水准的提升在同期员工中却是最慢的。在之后的加薪、升职方面如果不照顾他，他肯定会心理失衡，从而影响公司的整体氛围，我作为老板，只好将他劝退。

这个员工最大的问题就是：沉迷于无效的勤奋，而忽略了勤奋本身的目的是什么。

五

看完一本书很容易，看懂一本书很难。

看懂一本书以后，还能把书里的知识、方法应用到工作和生活中去，更难！

看书不是目的，学以致用，尤其是“致用”才是重点。
所以每天都看书，一个月看多少本书，其实都不是勤奋。

勤奋之前，要想清楚你的目的是什么。如果你的目的就是看书本身，当然也是没问题的。

既然如此，你就别抱怨别人看书比你少，掌握的知识却比你多。

问题在于：**大多数人流于表面的勤奋，偏偏要求获得需要通过真正的勤奋才能得到的东西。**

坚持做事情很重要，但做事情的同时思考如何更快、更好地把事情做完更重要。

再次强调：勤奋的目的不是勤奋，是偷懒，是为了把原来需要1个小时才能做完的事情用半个小时做完，是为了能做到以前做不到的事情。

而不是简单地将“重复性工作”持续下去。

六

我跟小A说，如果你老板不是傻子，你那同事不是关系户，那么他这样做肯定有你不知道的原因。

根据对小A的了解，以及他对那同事的描述，其实我大体已经知道原因是什么。

就算小A是在我的企业工作，我的选择可能也会差不多：我会更乐意给小 A 这样的员工加薪，而让他同事那种类型的人做管理岗位。

小 A 的长处是善于钻研专业，研究细节。这样的人是专家型人才，可以很好地把本职工作做好。但他的弱势在于大局观和“方向感”较差，同时人际关系处理上一般。

他那位同事虽然看起来“没那么勤奋”，但对业务发展的方向却相当敏锐，同时也具有人际关系管理的潜质。

小 A 勤奋，也爱思考，只是他勤奋的方向不同，最终得到的东西也不同。不出意外的话，老板应该很快会给他加薪。

而婶婶的小孩就属于典型的“懒惰式勤奋”。将勤奋肤浅地理解为“每晚学习到几点”，将刷题库作为唯一的学习手段，对做错的题不思考，对做对的题不总结，如此，他的成绩无法提升也是自然而然的事情。

反思我们自己，有时难道不同样是陶醉于这样的勤奋？

如果真的想要进步，请别再用勤奋掩饰自己的懒惰，真正行动起来吧！

改变自己的第一步是大声说出自己的需求

一

每年的二三月可能是很多职场人士最为忙碌的时候：年终奖该发的都发了，如果对现有工作不满意或者有更好选择就可以开始准备跳槽了。很多企业会迎来一拨空降兵，自然，相应地也会有很多企业空缺出许多好岗位，这不禁让坚守阵地的员工多出许多遐想。

我的朋友 Lisa 便是这轮黄金“补位”中的幸运儿：因为原来的组长跳槽到另一个公司，在部门内部竞聘中她把握了机会，成功晋升组长。薪水涨了一大截，职业发展前景也开阔了很多，但她却仍然显得有些闷闷不乐——有不少同事在私底下议论她，觉得她在小组里的工作表现只能算是中等，这次成功升级完全是天上掉馅饼。这种好事倘若落在自己头上自是理所当然，但如今好处都被别人得了，有些人难免心中不平。

Lisa 其实也有点蒙：当时小组内公开竞聘，让所有员工自荐。她头脑一热就站了出来，说自己想试一试，没想到最后领导真的让自己做了组长。她感到委屈的地方在于：部门领导让大家自我推荐的时候，除了她之外分明就再没有一个人站出来，现在她真做组长了，这帮人又跳出来指手画脚。

她不知道，这个世界上有一类人叫“职场懦夫”。**这种人在企业内部往往是锦上添花可以，雪中送炭欠奉。**成事不足，败事有余，是上至领导下至员工都不喜欢的一类人。

二

我有数次打工的经验，也管理过公司。自认是一个比较和气的人，在和同事、朋友相处中口碑向来不错。但我自始至终都非常厌恶“职场懦夫”，打工的时候我不想做他们的同事，创业的时候更不希望遇到这样的员工。

严格说来，“职场懦夫”们的“懦”不是工作之后才开始的，而是自学生时代就初现端倪。只不过到了职场，这种“懦”带来的恶性效应被进一步放大——从而更加让人厌恶。

回想学生时代，我们或多或少都经历过这样的情况：

老师在讲台上提问让大家举手发言，全班没别人举手，就你一个人站起来回答。答对了还好，答错的话就肯定有人窃窃私语，说你“没本事还要站起来逞能”。又或者竞选班干部的时候，老师让大家毛遂自荐，平时生龙活虎的人个个变成了扭扭捏捏的小媳妇，可一旦有勇敢者竞选成功，这帮人就又开始评头论足：“就那小样，也能做班长？”

这种“懦夫文化”的特点是：在需要勇气的时候他们是懦夫，在需要谦让包容的时候他们又变成了“勇士”。

进入社会后，这帮人就将这股“懦夫文化”带入了职场。在领导需要有人扛起重担的时候，在企业需要员工冲锋陷阵的时候，我们是永远看不到这帮人的身影的。但当真正有担当的人站出来，他们又开始以居高临下的姿态评头论足。

你是否见过这样的人？

又或者，你是否也充当过这类角色？

三

在我的第二段创业经历中，曾经遇到过这样一件事情——

当时公司的主要业务是互联网营销，有三个核心技术骨干。之前这三个人都是由我直接管理，所以倒也没出过什么大问题。但是随着业务的不断发展，公司急需组建新的业务部门，再延续这样的管理显然不合时宜，于是我便动了个念头，要从这三人中选出一个组长，全权负责原来的业务线。

我召集他们开了一次很长的会，给他们详细讲解了公司未来的发展路线，以及为什么需要成立部门、选拔组长，会议的最后，我鼓励他们自我推荐，并且明确表示：他们三人能力上其实相差不远，所以是否有意愿做这个岗位，以及能否充分说明自己的优势将成为很大的加分项。

哪知道开会的时候竟没有一个人立马站出来自我推荐。所以我又让他们好好考虑一下，第二天上班之前发邮件给我。

结果是，只有 W——三人之中唯一的女孩——给我发了邮件。W 在邮件里向我表明了自己想做组长的强烈意愿，并且详细阐述了自己做组长后的工作计划及对业务线的一些设想。原本三人的能力就差不多，而我此时需要的是一名有足够的发展野心，且愿意为之付出相应努力的员工把这块业务管起来，于是我提拔了 W 作为组长。

谁知不到两个星期就出问题了：W 跟我反映，组里的一名同事 M 完全不配合她的工作，总是说她的任务安排时间节点太紧凑，自己做不到，而即便是已经确定的任务目标，在到达时间点后他又总会找这样或那样的理由拖延，使得 W 完全没法开展工作。

我私下找 M 了解情况。只听 M 噼里啪啦对 W 一通数落，例如不会做管理，自身专业水平也不行，如此这般。

后来我问了他两个问题：

1. 你对管理者有情绪，我可以理解。但身为公司员工，不受情绪影响完成好自己的工作是你的本分。你现在因为对 W 的不满而故意拖延工作，是不是失职？

2. 当初你们的机会是均等的，你是基于什么考虑而没有自我推荐呢？

M 开始沉默，后来有一次在酒桌上，他才告诉了我他的真实想法（虽然工作上有些情绪问题，但我和 M 私下关系还是很好的）：

当初之所以不自我推荐，一方面是因为不好意思；另一方面也是觉得自己能力不够，没有勇气去承担。但这并不代表我就认为其余两人比我更能胜任。此外，看着原本跟自己不相上下的同事只是因为“自我推荐”就立马晋升着实是让人难以接受。当然，工作上闹情绪确实也是我的不对。

后来，我多次试图协调 W 和 M 的关系，但都收效甚微，最后 M 主动请辞，我也为失去一位优秀员工而感到遗憾。

四

坦白说，那时候我在管理上也是存在问题的，这件事情如果处理得更好一些，或许根本不会出现这种情况。但 M 觉得“W 仅因为自我推荐就得到升迁”这个观点我是不认同的。又或者说，在我看来，“自我推荐”这个举动已经能反映很多问题。

之所以这样说，是因为在专业水准上三名员工之间并不存在质的差别。而在当时，升任这个“组长”在薪资方面其实并不会得到很大幅度的提升，可预期的“福利”也只是未来的职业发展机会，倒是晋升的当下，“组长”所要承担的工作量和责任都会增加许多。

由此可见，此时敢于自我推荐的员工至少具备以下素质：**首先是有强烈的发展意愿或者说野心；其次是有足够的勇气去承担接下来可**

能发生的一切，比方说犯错（新手做管理犯错几乎是必然的）。

有野心，肯付出，不怕犯错，这几点已经足以让我做出决定。

换一个角度来看，M 没有意识到的问题是：面对机会，他自己没有勇气去争取，却又不甘于让别人得到，甚至因为这样的情绪而无法正常工作。这种处理事情的方式，无论放到哪家公司都是不能接受的。

“自己得不到，也不希望别人得到”，可以接受自己的平庸，却不愿肯定别人的出色，这比自欺欺人还要可怕。

“职场懦夫”普遍具有以下几个特征：

1. 害怕犯错，缺乏担当。多做事就意味着可能多出错，他们脆弱的心灵承受不起任何的嘲讽和指责，而他们避免这种情况发生的唯一做法就是尽可能不出头，站在背后观望。

2. 从众，随大流。他们永远都是人群中找不出来的那一个，这种状态才能给他们更多的安全感。

3. 心态失衡。也就是所谓的“自己得不到，也不希望别人得到”。他们资质平庸，却自视甚高，觉得周围的同事甚至领导都没有几个能比得上自己，而自己之所以平凡只不过是低调。

反省一下自己，是否也在某些时刻做过“职场懦夫”？

要想突破自己，首先是不要做“职场懦夫”，其次是远离“职场懦夫”！

捷径太多，所以你才越走越慢

一

在和不少朋友沟通的过程中，我发现了一个很有意思的现象：很多人都认为问题的解决存在“秘诀”，似乎只要掌握了“秘诀”，就可以迅速搞定。

比如一位高中的小伙子，曾经向我请教学习的问题。了解他的情况后，我开始给他讲我当年的经历：我一开始数学成绩也一般，后来是怎样一步一步提高的。

还没说完，他有些不耐烦地说：“非常感谢你，阿何。我对你当年的学习经历非常感兴趣，但现在我最迫切想知道的是如何快速提高我的数学成绩，我们能否直接切入正题呢？”

我能理解他的压力，于是又开始给他介绍我经过多年摸索而总结出来的数学学习方法。他听得倒是挺认真，但听完后明显有些失望。

我也能理解他的失望——本来以为找到一位“牛人”，想必有好的办法能帮助他迅速解脱困境。谁承想“牛人”介绍的方法也没什么了不起，甚至听起来还有些老套。

二

我小时候特别爱看武侠小说，小说里最吸引我的，莫过于“武林秘籍”。

在小说家的描绘里，武林秘籍是可以化腐朽为神奇的宝物。不管你资质如何，只要能够得到一本武林秘籍，你就可以成为大侠，叱咤风云。

受到小说的影响，曾经在很长一段时间内，我也特别热衷于寻找各类“秘诀”。

还记得初中那会儿，有本书特别火，叫《哈佛女孩刘亦婷》。据说这本书特别神奇，如果学会书里介绍的方法，普通人也能轻松考上名牌大学。

书不贵，但以我当时的家庭条件来说，这还是一笔不小的负担。幸运的是我有位非常支持我学习的妈妈，她咬咬牙就把书给买了。

看完书，我就像打了鸡血一样，开始参照书里主角的模式去生活和学习。我似乎感到，名牌高中在不远处向我招手。

这样“努力”了一两个月，我的语文光荣地挂了，我整个人一下子就蒙了。

我不是完全按照哈佛学生的方式来学习的吗？要上哈佛的人，语文怎么可能挂呢？这简直就像不惜自宫以学习《葵花宝典》，结果转眼却被路边一个小贩三拳两脚打倒那样让人难以置信。

这种找捷径的思路，甚至在我工作后依然影响着我。比如有段时间我体重严重超标，于是开始在网络上大量搜寻类似于“如何 1 个月减肥 20 斤”“最有效的 ××× 减肥法”等帖子。

后来我发现，越是号称减肥速度快的方法，越是容易存在反弹得厉害，或者是对身体伤害很大的问题。

那段时间里所有求快的尝试，基本上都无疾而终。

三

细心观察不难发现，我们似乎已经陷入一个爱“走捷径”的怪圈。

在排长队的场合，总是有人插队——要么硬挤上去，要么走后门。

教程类的文章，带类似“最短的时间”“最好的效果”的标题的点击率永远最高。

无论遇到什么样的问题，我们都倾向于相信存在“快速的解决方案”，并且乐此不疲地去寻找它。

所以我们喜欢“速成班”“快速提高班”，但不是那么喜欢“一万小时定律”。

假如某个培训班打出的口号是“一年时间，有效提升你的 Excel 水平”，那么估计它离倒闭也不远了。

我是一个特别喜欢钻研学习的人，长期琢磨如何提高自己的学习效率，能帮助我在更短的时间内学到方法、解决问题。

但我特别反感凡事都想“走捷径”，原因有两个：

1. 学习提高效率的方法和走捷径，两者在本质上是不同的。

2. 我认为在大部分情况下其实不存在“捷径”，提高效率的方法旨在：少走弯路。但路你还是得走，该经历的事情必须得经历，该承受的历练必须得承受，这样你才能得到最后的结果。

而“走捷径”是希望“不付出”（或者尽可能少地付出），却得到好的结果。

这两者之间最大的差别在于心态和处事方式的不同。

前者沉稳，后者浮躁，心态失衡。

事实上：**就我所见，大部分试图“走捷径”的人非但没走成“捷径”，反而浪费了时间，最终还不如踏踏实实做事的人走得快。**

因为“走捷径”最大的问题在于：它忽视了事物的客观规律，这就从本质上决定了大部分此类行为的失败。

四

常规来说，一个人通过合理的饮食控制和适当的运动，完成一个月减重3—5斤的目标是完全有可能的,也不会对身体带来负面的影响。

但如果我们“走捷径”，一个月减重20斤、30斤，这也不是不可以做到，但所用的方法违反人体的运行规律，就算成功了，也必然需要付出其他代价，例如对身体的严重损害。也就是说，“走捷径”很难持续，一旦我们的身体不可承受，停止快速减肥的行动，将迎来严重的反弹。

掌握了良好的学习方法，确实可以在一定程度上帮助我们提高学习效率。但这个是存在一定上限的，到达上限，后面的提高就取决于你自身的智商、能力，以及持续时间的长短了。

即便是世界上最优秀的学习方法，也没办法让你一夜之间成为专家，成为大师。

小时候，我们都相信“武林秘籍”的存在，幻想自己哪天得到秘籍，成为大侠。

很多人长大了，却依然停留在这个层次上，在很多事情上寻找着

“秘籍”。

这多么具有讽刺意味。

五

寻找“捷径”的行为，在大多数情况下反而会伤害我们，浪费我们的时间。

在更多时候，它甚至还会损害别人的利益。

别人排队的时候你插队，你的速度是加快了，却损害了遵守规则的人。更重要的是这会让大家产生“不遵守规则反而能得到好处”的想法。

当越来越多的人开始认同这种想法，最终将大大影响社会风气。

比方说，我们国人开车最爱变道。

为什么爱变道？那是因为觉得另一条车道看起来车辆少，为了走捷径，就变道插过去。

可当大家都这样干，最后的结果就是大家不仅快不了，反而更慢了！

春节的时候，我坐大巴从广东梅州地区前往广州。平时只要四个小时的车程，那一次走了九个多小时。

一路上，我看到不下十起交通事故，其中大部分都是由于仓促变道而引发的追尾。

还有很多车走应急车道，把原本畅通的车道也塞死了。

因此，关于“走得慢”，车多固然是一个原因，太多变道行为也是不可忽略的因素。

去过中国香港、日本等地的朋友应该知道，这些地方虽然车也很多，但很少会碰到完全堵死的情况，因为大家都遵守规则，一般不会变道。虽然走得慢一点，只要没有交通事故，是不至于完全堵死的。

每个人都走捷径的结果就是，大家走得更慢了。

六

人生的修行，如同一次旅程。

我们能走多远，不在于在某个区间内的速度有多快，而在于能否沉下心来，认定一个方向，坚持走下去。

“走捷径”的行为，相当于每遇到一个路口，都进去试一试，看看是不是能抄近路。

发现行不通，又退回来。

再遇到一个路口，又重复这样的过程。

走着走着，你就会发现自己落后了。

捷径太多，所以你才越走越慢！

你喜欢的稳定，不过是对平庸的妥协

一

在一个加班到11点的夜晚，抑或是早上6点多起来赶公车的清晨，你拖着疲惫的身躯行走在路上，突然开始怀疑努力的意义。

在城市里打拼了几年，工资还是每个月几千块。刨去吃穿用度，所剩无几。刚毕业那会儿的壮志和激情渐渐不再，连基本的房子、车子也似乎遥遥无期。而那些当年还不如你的同学，要么留在老家，要么在竞争没那么激烈的小城市，不管是做公务员还是在事业单位，收入不高却非常稳定，生活质量远远超过你。

你开始怀疑：自己当初的选择真的正确吗？放弃了原本可以安安

稳稳过一辈子的生活，选择去追求更大的可能性。这些年，血泪都流了，梦想却越来越远。

如果说当初之所以选择奋斗是为了追求更好的生活，现如今我们却距离理想的生活越来越远，这样的坚持还有意义吗？

二

曾几何时，我也有一份人人都羡慕的稳定工作。刚毕业就进入别人挤破头也进不去的大国企，或许这辈子也看不到升迁的机会，但收入足以在广州这个大城市过上小康的日子。

那时年少轻狂，工作两年后我便厌倦了这种没有挑战、一成不变的生活，不顾领导、家人和几乎所有朋友的反对，选择了辞职，开始自主创业。

这不是一个狗血的鸡汤故事，创业到第二年的时候，我曾经落魄到口袋里只有 18 块钱。那时候正赶上再过几天就要交房租了，一个人走在大街上，我真的萌生过轻生的念头。

在那一年多的创业时间里，我每天起早摸黑，工作量数倍于给人打工之时，我自认无论是勤奋程度还是个人的天分都足以应付，但现实还是给我上了非常残酷的一课。

坦白地说，那段时间我曾经无数次怀念在国企打工的时光。即便是后来，事业终于有了起色，收入远胜打工之时，我也始终认为打工时期的生活质量是最高的。

但是如果让我重新选择一次，我是否还会选择辞职呢？

我曾经非常严肃、认真地思考这个问题，而答案是肯定的。

是的，即便日子再苦，即便混得还不如原来，我都再也不愿意重新过那种一成不变的日子了。

假如你也曾经为类似的问题苦恼，下面我思考出来的一些东西或许对你有些参考意义。

三

大多数人所喜欢的稳定，其实无非就是：一份稳定的工作，每个月不高不低、“旱涝保收”的工资，不算太大的生存压力，以及由此而来的满足感。

如果人生就像电影剧本那样——一切皆有设定，虽有变化但皆在预料之中，大结局注定圆满，那么就这样生活似乎也并无不妥。

问题就在于人生充满了意外，而这种稳定的生活，需要我们付出很大的代价，这个代价便是——为了“稳定”牺牲一切让生活多彩的可能性。

小D是我初中时期很要好的一位同学，大学毕业的时候他本来有个在广州创业的机会，但遭到家人的强烈反对，于是他在家里的安排下回到家乡的小县城，找了一份银行的工作，娶了一位与他在同一个系统工作的妻子，日子过得平凡而美满。

但是这种生活在他母亲患上一种罕见病症之后被彻底打破了——为了治疗母亲的病，他家里所有的积蓄都被掏空，还四处欠债，他的脾气也愈发暴躁，天天和妻子争吵，原本非常和睦的夫妻关系开始出现裂痕。

小D并没有犯任何重大错误，他只是没有意识到（或者是意识到了也无力改变）之前的“稳定”是建立在一个非常脆弱的基础之上的——他们夫妻俩的收入仅仅能够做到在维持日常开销的前提下略有盈余，这就意味着他们对风险的抵御能力几乎为零。

倘若这种稳定的生活能够一直维持下去，这又会是另外一个故事了。然而我们永远无法预料明天和意外哪一个先到来。很多时候，保持“稳定”的代价便是我们逐渐丧失抵御风险（意外）的能力，将自己的命运完全交给上帝。

当然，并不是每个人都会遇到这种小概率的事件。但是通过和另外一位同学的交流，我更加体会到这种稳定生活背后深藏的无力感。

F也是我的初中同学，在家乡的县城做警察，收入在当地已经算是非常高的，毕业第二年他就开上了小车。但是在一次聚会之后，他坦言，自己非常后悔当初没有留在大城市，而回到家乡后因为少了生活压力，他也没有去努力争取很多本可以得到的发展机会。

F跟我讲了这样一番话：

“其实我一直都觉得自己生活得挺幸福的，直到我有了孩子，做了父亲，这种想法就彻底改变了。天下的父母，没有哪一个不希望自己的孩子有出息。可是我发现，在这个小县城，想给孩子报个补习班都找不到地方，想让她学个英语都找不到老师。其实，谁都曾经年轻过，都有过梦想，当初我选择这样一份工作，就是放弃了自己的梦想，我也认了，我只能将希望寄托在下一代身上。可是现在，我发现我的孩子一出生就已经落后了，更可悲的是，我对这种状况竟一点办法也没有！”

我非常理解 F 的想法，也能感受到他的无奈。事实上，给孩子报个补习班、找个好老师并不一定能给他们一个更好的未来，可对于 F 来说，他连尝试的可能都没有了，只能让一切顺其自然。

不得不说，正是“稳定”让他慢慢变得别无选择。

四

是否选择稳定，其实跟你所处的城市、所做的工作无关，跟你的心态有关。

即便在小县城，做着一份“稳定”的工作，我们也可以选择不稳定——比如努力让自己做出更好的工作表现，得到更多的发展机会，迎接更大的挑战。

即便在大城市，做着一份充满挑战性的工作，同样有人选择得过且过，做一天和尚撞一天钟。

而大部分人所喜欢的“稳定”，都属于下面两种类型：

第一种：没有压力、没有挑战、没有变化，收入却高到足够自己一辈子舒舒服服过日子。持这种想法的人属于白日梦想家，他们总是期待天上掉馅饼，却从未思考：无数勤奋的人尚在为过上好的生活苦苦挣扎，努力奋斗，他们凭什么就能唾手可得？

第二种：没有压力，也没有变化，但是收入不太高。持这种想法的人，往往畏惧变化，不愿意挑战自己，选择对自己的平庸和懒惰妥协。

他们为自己找到了生活的“真谛”而沾沾自喜，满足于现阶段的稳定生活，不做任何改变现状的努力和尝试，**殊不知这样的“稳定”牺牲的是自己未来所有的可能性，是对自己的未来、对自己的家人和孩子的不负责。**

五

记得在问答网站“知乎”上曾有人这样问：我对自己现在的工作非常满意，很稳定，收入也不错，能够让我过上很不错的日子，那我为什么要奋斗？

对于这个问题，有个回答一针见血：如果公司遭遇变故，效益变差，要炒了你或者给你降薪，那时候你该怎么办？

另外，还有个流传甚广的鸡汤小故事：

富翁在海滨度假，见到一个垂钓的渔夫。

富翁说：“我告诉你如何成为富翁和享受生活的真谛。”

渔夫说：“洗耳恭听。”

富翁说；“首先，你需要借钱买条船出海打鱼，赚了钱雇几个帮手增加产量，这样才能增加利润。”

“那之后呢？”渔夫问。

“之后你可以买条大船，打更多的鱼，赚更多的钱。”

“再之后呢？”

“再买几条船，搞一个捕捞公司，并且投资一家水产品加工厂。”

“然后呢？”

“然后把公司上市，用圈来的钱去投资房地产，如此一来，你就会和我一样，成为亿万富翁了。”

“成为亿万富翁之后呢？”渔夫好像对这一结果没有足够的

认识。

富翁略加思考说："成为亿万富翁，你就可以像我一样到海滨度假，晒晒太阳，钓钓鱼，享受生活了。"

"噢，原来如此。"渔夫似有所悟，"那你不认为，我现在的生活就是你说的那些过程的结果吗？"很多人都对故事里渔夫的观点深以为然，却没看到他与富翁最大的差别在于：富翁拥有更多选择的权利。

富翁可以选择在海滨度假晒太阳，也可以选择去南极探险，还可以选择去世界上任何一个地方旅游，而渔夫却永远只能待在海滩上。

当富翁生病时，他可以选择最好的医生给自己治疗，而渔夫只能找一家小医馆草草看病，甚至靠自己硬扛。

富翁可以有无数个选择，过着无限精彩的生活，而渔夫的日子就只是千篇一律，他所看到的世界，所经历的人生，很可能只是富翁的千分之一、万分之一。

拥有更多的可能性，让我们的生活变得可以选择——这便是跳出"稳定"误区之后我们所能得到的最大财富。

六

所以，我再也不会去选择所谓“稳定”的生活。

即便回到稳定的岗位，即便被现实折磨，我也要努力提升自己，改变自己，好让生活具有更多的可能性。

我不想我的一生都被“稳定”所安排。

成为牛人，你也可以做到！

一

关于“牛人”之所以成为“牛人”的原因，存在很多说法，比如“天赋说”，又比如“勤奋说”，当然，更加靠谱的说法是：“牛人”是“天赋+勤奋”的结果。

但在我看来，仅仅用“天赋+勤奋”来解释“牛人”之所以“牛”，仍然不够。在成为“牛人”的过程中，天赋和勤奋到底哪个因素所占的比重更大呢？好像我们怎样划分都不合适。强调天赋吧，事实上很多“牛人”照样天赋平平；强调勤奋吧，每天都很努力却照样不“牛”的人更是大把。

在天赋和勤奋之外，其实还有一样，我认为是比前两者更重要、同时也是在“牛人”成长过程中最为关键的东西。

这个问题，很难用一两句话说清楚，但在我身边有很多具体的例子，暂且讲讲其中的一位——阿奔。

二

阿奔是个不折不扣的“牛人”：高考的时候是我们市的状元，考到了国内顶尖的T大。到T大后，成绩在系里面也出类拔萃。如果你认为阿奔只会读书就大错特错了，他还是系里的体育健将，拿过T大校运动会长跑第三名。工作后，阿奔是公司里的骨干，他只用了两年半的时间就晋升为部门经理，现在已经是某家即将上市企业的VP。

总之，阿奔的“牛”简直就是将我等平庸之辈全方位碾轧至死的程度，根本不留一条活路。

事实上，阿奔并不是从一开始就以“牛人”的形象存在的，对于成为“牛人”之前的阿奔，我想恐怕没有人比我更清楚，因为从童年到少年时期几乎所有的成长岁月，我都是和阿奔一起度过的——小学的时候我们一起挨过罚，初中的时候我们一起挂过科。后来，尽管读的是市里最好的高中，我和他的学习成绩还都一度徘徊在年级200名左右。在我的记忆里，整个高中前期，或者说至少在高二以前，阿奔都只是个和我一样的“普通人”，和“牛”不怎么沾边。

即便智力发育再晚，也不可能延迟到大学、工作之后吧？所以说各方面的证据都表明，至少在智商层面，阿奔和其他人没什么两样。

可问题就在于，上高二以后，原先那个“普通人”阿奔竟开始沿着“牛 A 与牛 C 之间的道路”一路狂奔，并逐渐成长为今天的模样。

三

后来，借一次长聊的机会，我和阿奔好好探讨了这个让我好奇了很长时间的问题。这次长谈让我深受启发，可以说，我从曾经的默默无闻成长到现在的小有成就，阿奔功不可没。

下面，结合阿奔的观点和我这几年的思考，我总结了一套“牛人成长方法论”给大家，欢迎读者们一起切磋。

观点 1：其实每个人都有机会成为“牛人”，只是大部分人不敢去想。

不可否认一点，世界上存在一类“牛人”，是我们不管如何努力都不可企及的。比如科学家爱因斯坦、运动员博尔特等。他们的“牛”，是“顶级的天赋 + 顶级的努力”的结果，且在这其中先天的因素占据了很大的比重，非后天可以达到。

可问题是，这类“牛人”在全人类中的占比太小了，不要说百分之一，连万分之一甚至百万分之一都不到。大部分普适意义上的“牛人”，其实都不是这类人。换句话来说，大部分人的“牛”，其实都是可以借用一套方法去接近和达到的。

只不过很多人在第一步就“㞞”了，于是因此丧失了成为“牛人”的机会。

为什么会“㞞”呢？是因为大部分人只看到了“牛人”最后的“牛”，而忽略了他成长为“牛人”的过程，他们折服于这种“牛”，且认为自己这辈子都不可能达到那样的高度。殊不知，“牛人”也是一步一步走过来的。

“就比如大学时候的考试，我每一门课的成绩基本保持在 90 分以上。当时有门数学课特别难，班里平均分不到 70 分，而我却拿了 96 分。如果你只看到这个结果，肯定觉得我特别‘牛’，但其实我的数学成绩也曾经特别地差，并且挂过科，我也是经过一段时间的努力慢慢能考到 70 分，再后来上了 80 分，之后感觉越来越好，就很少下

90 分了。你如果看到这个完整的过程，就不会觉得这种‘牛’是不可达到的了。”

我们看到公司里顶级的销售每个月都能出大单，单位的 Excel 达人能搞定所有问题……我们仰慕牛人的“无所不能”，并下意识地认为这是人家天赋异禀，殊不知顶级销售也曾经历过几个月不出单的困境，Excel 达人也是一个知识点又一个知识点地学过来的。

当你内心拒绝承认这一点的时候，你就离“牛人”之路远了一步。

观点 2：“牛人”成功的关键在于持续地积累。

其实“牛人”也有“牛人”的苦，因为在任何一个领域，越到一定的高度要想提高水平就越难，有时候甚至只是维持原有的水平都非常困难。而这一点，正可以在理论上为我们接近“牛人”、成为“牛人”提供支撑。

尽管“牛人”看起来遥不可及，但因为起点低，在同等的努力下，我们的进步程度肯定比“牛人”大，只要把努力的过程持续下去，我们与“牛人”之间的距离就会逐步缩小。

但是这个推断有个前提：我们必须在一个领域坚持下去，同时找到能持续提高自己水平的方法。

生活中有一类人，好像在每个方面都非常厉害，这种人最让人羡慕。同时他们也带给我们一个错觉：“牛人”都是全能的，或者说各方面都很优秀的人才能称为“牛人”。

我们从小接受的教育，告诉我们要做一个“德智体美劳”全面发展的人。但殊不知，这种理念只会让我们沦为“全面平庸”的人。

很多人看似在非常努力地提升自己，也取得了一些进步，但却看不到成为“牛人”的希望，其根源就在于想要的太多，从而分散了自己的精力和时间。

要想成为“牛人”，就是要放弃成为“全才”的想法，挖掘出自己身上最有潜力的一个点，然后努力把它最大化。

观点 3：要为自己的坚持引入改进机制。

我们看到有很多人长年累月地从事一个领域的工作，甚至已经超过一万小时，可是他们依然没有成为“牛人”，这是因为他们只懂得“坚持”，却缺乏思考，他们不懂得如何去改善技能和提升水平，也就是说，没有在自己的坚持中引入改进机制。

“坚持”是一个很有迷惑意义的词语：一方面“坚持就会成功”的说法已经深入人心，但另一方面“坚持”的背后其实存在一个很大的“坑”，就是让人只顾“坚持”而忽略了思考。

缺乏思考的坚持，其实只是毫无意义的重复性劳动。在这种重复性的过程里，我们的进步只能依靠随机的灵感或者突发情况带来的启发。但不管是随机的灵感还是突发情况带来的启发都是靠不住的，都无法让我们得到持续的进步，而不能持续取得进步，我们就会距离“牛人”越来越远。

所谓改进机制，就是周期性地总结自己的工作，借鉴比自己优秀的人的学习方法、工作方法，然后努力让自己做得更好，每次哪怕只有一点点的进步，日积月累也会带来巨大的成果。

四

综上所述，“牛人成长方法论”其实非常简单：

找到一个自己感兴趣也比较擅长的领域，长期专注地做下去，为自己的学习和工作引入改进机制，同时找到持续进步的方法。

通往“牛人”的道路，其实每个人都可以走。你准备好了吗？

第二章

你的人生，你来定义

生活往往不会给你太多准备时间，但它同样不会降低对你的要求。而这种“缺乏准备也能将事情做好”的能力，或许就是决定我们人生发展高度的主要力量之一。

对不起，
我不想活成你们想要的样子

一

你说我傻，你说我笨。好吧，这些我都认了。

可是，那又怎样？

二

因为高考成绩还不错，毕业后我好歹做了个听起来“高大上”的CEO。我也曾享有主角光环，只要一回到老家，就会有很多学生和刚毕业不久的年轻人前来“取经”、畅聊，简直络绎不绝。

只要是一些具体的问题，是我了解的领域，我都会给些建议。但很多人希望我能给他们指点迷津，甚至规划以后的发展道路，这个就真的有些吓到我了，对此我说得最多的一句话是：

路在你们心中，我没法，也不能帮你们去做选择。

很多人都以为这是托词，因此也就有了不少闲言碎语，诸如“阿何有钱了就傲气了”，又或者“是不是怕别人学会超过你”之类的。

我低头看了眼自己脚上30块钱一双的“阿迪王”运动鞋，身上20块钱一件的“耐客”T恤，再摸了摸自己的良心，真没发现任何一个地方存在傲气，我太无辜了。

按照我的忽悠功力，甭管是谁，估计我都能给他们“做规划”说上三天三夜。不就是扯吗，谁不会？可是这样有意义吗？真的是在帮助别人吗？

在人生的选择上，我最讨厌别人跟我讲“你应该怎样怎样”。

三

我曾经在一家企业工作，年薪几十万，别人都觉得我算个小小的“高富帅”。不对，其实真的不高不帅，这个我要承认。

有个小师弟前来请教，聊了挺久，他说：“师兄，真羡慕你现在的状况，学历高，收入也高，人生没啥遗憾了吧？”

第二天，我辞职跑去创业了，他目瞪口呆。

办公室从繁华舒适的CBD搬到了一个不到10平方米的小破房里面，收入从年入几十万元直接变为负数，吃饭从海鲜大餐变成了12块钱一份的盒饭，从任何一个角度看我都像个傻瓜。

很多人都觉得，阿何这样的聪明人，肯定是做好了全盘的规划，甚至已经有了潜在的客户和成熟的商业模式，所以才会放弃高薪，选择创业。

我“泪流满面”：真的没有啊！我哪里有你们所以为的那样运筹帷幄啊，客户倒是赶紧来啊，为啥我一个都没见着？

他们不信。

一年多以后，所有积蓄全部花光，口袋里只有18块钱，只能跟哥们儿借钱交房租，这下他们信了！

这下更像个傻瓜了：怎么能如此冲动行事呢？机会成本太高了，对自己太不负责了，太任性了！

人家有钱任性也就算了，你丫的没钱还这么任性不是找打吗？

所以你看，外人不理解也就罢了，就算是最亲近的人，也不一定明白你想要的到底是什么。

四

按照当前的价值观来看，我的行为当然是“傻”的，任性的。

没有考虑周详，没有计划，莽撞、急切，这不是任性是什么？

但他们不了解，其实在“要不要创业”这件事情上，我已经思考很长时间了。工作了一段时间以后，我非常明白，自己真的不喜欢朝九晚五的工作制度，我也不觉得当时在做的事情，自己能坚持做一辈子。

所以我明白，自己迟早是要创业的。

我又不真的是傻瓜，当然想过创业究竟要干吗。问题是，我想了很久都没有头绪。而从了解到的情况看，**创业的道路往往不是规划出来的，而是在一次又一次尝试中找到的。**

这就意味着：**你不开始去做这件事情，你可能永远都找不到方向。**

那还等什么？想学会游泳，先下水吧！

五

我们喜欢“规划”这个词语，是因为它能给我们安全感。一切都规划好了，就意味着按部就班，意味着稳定，意味着未来可以预期。

但一条可以预期的路，往往也是最多人走的路。人太多，就注定了你不能要求得到太多。

在这条道路之外，一片黑暗。或许前方不远就是坦途，或许三步开外就有陷阱。你想得到更多，这些都是你要承担的风险。

我觉得我想要去看看，所以自然而然就这么做了。

问题是，这些思考别人都看不到，他们只看到了你的莽撞。

有太多人，因为害怕不确定性，总希望你按照他们喜欢的方式去生存。除此之外的一切方式，都被他们看作谬误。

可是，按照自己想要的方式去生活，忠于自己的内心，不才是对自己负责的最好方式吗？假如事事迁就，连自己的人生都迁就，这样的人真的可以做到对他人负责吗？

对此，我很怀疑。

六

从小到大，周围的人都在忙于安排我们的当下和未来。

“你得向别人家的孩子学习，准时做功课。”其实你可能已经挺努力的了，你很疑惑为什么家长总是觉得别人家的孩子好。

“你得去学习钢琴，因为以后用得上。”可是明明你更喜欢足球。

“你得报考 ×× 专业，因为这样以后容易找工作。”可是你其实非常讨厌这个专业。

小的时候我们懂的还不多，确实需要适当的指引。可是当我们长大成人、人格健全后，我们还是满足于过这种被安排的人生——

“你的男朋友（女朋友）我们不喜欢。”可是尽管他（她）有这样或那样的缺点，你自己还是很喜欢。

“你不应该在国企里面工作，太稳定会消磨你的斗志。”可是你就是喜欢这种稳定的环境。

……

更可怕的是，你已经习惯了这样的方式。一旦缺少了别人的规划和认可，你就会怀疑自己是不是做错了。

到最后，**你所过的生活里，有多少是你真正想要的呢？**

七

我们从来不会对一朵花说，你应该长成什么样，因为我喜欢那个样子。

我们却总是被别人期望着，你应该怎样做，按照我的想法。

为什么不鼓起勇气说一句：对不起，我不想活成你们想要的样子。我想要做回我自己。

年轻人应该建立怎样的消费观?

步入职场两三年，工资不高的你，在“花钱”这件事上，会选择什么样的方式呢?

据调查，工作不久的年轻人月收入大多处在3000～5000元区间，且他们大部分是“月光族”，甚至单是工资还不够花，还需要再跟家里要点钱。有些人羞愧于自己的“月光”行为，特别羡慕和佩服那些能把钱省下来的朋友。

因此，现在网络上针对“职场人士如何理财”的文章非常多。这些文章大部分是把重点集中在“如何省钱”上，而我认为，对年轻人来说，学会如何花钱远远比学会如何省钱来得重要!

这个观点并非哗众取宠，它是有一定道理的。

一、省钱和理财的意义不大

如果你已经工作多年，在公司的职位处于中高层，月收入在 1 万元以上，那么“如何省钱”对你来说确实非常重要。为什么呢？

1. 你很可能已经承担了很多责任

你应该已经成家有孩子了，父母岁数也大了很可能已经退休了，那么你需要承担养家糊口的责任，所以你的收入不可能再只根据自己的需求去随意分配，而是首先要考虑到家庭的需要。

2. 你的收入上升空间不大了

工作多年，你的职位和收入状况已经逐渐稳定。也就是说，如果没有突发状况，你的收入情况不会在短时间内大幅度增加。既然如此，已经拿到手的这份工资当然要精打细算。

3. 你的收入提供了“理财”的前提

收入已经超过 1 万元，确实需要理财了。因为它已经超过了一般家庭每个月日常开支所需，提供了理财的空间。

但是，对步入职场不久的大多数年轻人来说，我们发现上面的前提基本上是不存在的。

首先，年轻人的收入普遍还达不到这么高（少数大公司骨干、精英除外），理财没有意义。

打个比方，你每个月总收入拿到手共 5000 元，租房、吃饭、交通差不多要 2000 元，就剩下 3000 元。这 3000 元，你拿去做任何理财都不合适。存在银行里或者余额宝，收益率还比不上通货膨胀，也就是说，会不断贬值；拿去炒股，则可能亏得一塌糊涂。

巧妇难为无米之炊，要理财，首先，必须“有财可理”。对年轻人来说，大部分人的经济状况都还没到需要理财的阶段，可以完全不考虑这个问题。

其次，年轻人大部分还未成家，父母也还在工作。所以基本上是“自己挣钱自己花”，不需要承担太大的家庭责任。所以从生存压力上来说，也没有到需要“一个硬币掰成两半花”的程度。

最后，也是最重要的，年轻人有“年轻”作为资本，“年轻”则意味着未来具有无限的可能，特别是收入方面存在很大的提升空间。与其在现阶段想着怎么省钱、怎么理财，还不如多想想如何有效提高自己的收入。

年轻人千万要记住一句话：钱不是省出来的，而是赚回来的！

二、年轻人应该如何花钱呢？

首先说大原则：年轻人，一定要学会花钱，舍得花钱！每个月的工资，尽量都花完，不要想着存钱！

是不是吓到你了？和你之前看到的文章说法都不一样？没关系，继续看下去，下面会说理由。

另外，大家也别想着“花钱”这件事情很简单，觉得难道我还不会花钱吗？还需要你教？其实即使是花钱，也有不同的花法。而不同的花法，很可能就决定了不同的未来。

“每个月尽量把钱花完”这件事情也是有原则的：

1. 切记首先自己要有基本的保障

自己有基本的保障，大概就两点：保证自己的身体健康和生命安全，保证自己有应急的钱可用。

身体健康和生命安全方面，先看看你的单位有没有给你购买医疗保险和人身保险。如果没有，就算自己花钱也要赶紧去购买。一般来说，就是医疗保险、大病保险之类的。这些保险最重要的意义是当我们真的（虽然谁也不想）遭遇很大的变故，能获得基本的保障。

应急的钱，不用多，1万~2万元就可以了。谁也没办法保证自己哪天会不会突然碰到用钱的时候。如果我们真的一分钱积蓄都没有，到时就会特别被动。这笔应急的钱，最好是现金。如果担心不安全，也可以存到银行，没必要存定期，要保证自己有需要的时候能够第一时间拿出来用！

2. 花钱之前要尽到自己的责任

首先，工作了还跟家里人要钱的做法是我绝不推荐的！其次，如果你父母收入有限，生活比较拮据，身为人子，请你尽到自己的责任——发工资后不要一分钱都不给家里，全部自己花掉。

遵循了上面两个原则之后，我们就可以来正式思考“如何花钱”了！

年轻人的收入，最主要是花在这三个方面：**增强自己的能力，提高自己的生活品质，以及结交更多的朋友。**

当务之急是要增强自己的能力。

上面也说到了，之所以不让年轻人老想着“省钱”，而要多“花钱”，是因为我们收入还不够高，还没到需要理财的阶段。但显然我们也不可能一直处在这个阶段，所以，这个阶段我们考虑的重点应该是如何增强自己的能力，提高自己的收入水平。

尽管我们在大学学到了很多知识和技能，但是单凭这些是不能满足我们工作所需的，更别提让我们不断进步。学习是一辈子的事情，走上社会，没有了学校和老师的监督，能否继续保持这种学习的精神和状态更是决定我们未来发展前途的重大因素。

对于“学习”，我们除了需要付出时间和精力，还需要付出一些金钱，因为很多学习资源是需要付费的。比方说有些优质的培训、讲座是要收费的，一些书籍和软件等也是需要我们花钱去购买的，而如果加入一些组织、协会、社群也需要我们支付费用，如此等等。

对年轻人来说，投资自己就是最好的投资渠道，比任何其他方式都要划算。因此，宁可在其他方面节省一些，也要在提升能力上大方。每个月可支配收入，最少要拿出 50% 用在学习提升方面。

其次，是提高自己的生活品质。

很多男生喜欢买电子产品，很多女生喜欢买漂亮的衣服。可是买完之后他们往往有一种“负罪感”，觉得自己在乱花钱，其实这样想完全没有必要。

事实恰恰相反，看到喜欢的电子产品，好看的衣服，想吃的美食，只要在经济可以承受的范围内，我们应该多去尝试，让自己快乐。

为什么呢？因为你们所处的这个阶段，正是整个生命中最美好的一个阶段，并且是对很多事物都还没有尝试过的阶段。更重要的是，在这个阶段我们还不需要承担太多的责任，没有太大的生存压力，没有过多琐碎事情的牵绊，可以“随心所欲”地支配自己的收入，这是很幸福的事情。

当这个阶段一去不复返的时候，我们会发现一切都变了。当工作越来越繁忙，你会发现自己已经不想玩游戏了；当年纪慢慢增长，你会发现诱人的美食已经不再吸引你了；当身体状况开始下滑，你会发现那些自己“最想去的地方”已经去不动了……

所以，别再想着“我以后有钱再享受”。当下，正是你最美好的阶段。每个人的生命都只有一次，能够来到这个世界便是上天对我们最大的恩赐。在最美好的年华，我们就应该理所当然地去享受生活，因为这个阶段是如此短暂，一旦错过便再也没有了！

想买 iPhone，那便努力攒钱买！想要去西藏旅游，那就赶紧请假去。想要去听音乐会，那就马上买票。看上一款喜欢的衣服，立刻下单！

不要再在“买”还是“不买”之间犹豫不决了，任性是年轻人的专利。当你做什么事情都瞻前顾后的时候，就算身体还年轻，你的心也已经老了。好好地享受这段生命中最美好的时光，它会成为你未来回忆中最珍贵的一段！

最后，结交更多的朋友。

这里的“朋友”，并非狐朋狗友，而是那些值得结交，能够提升你的品位、能力，帮助你获得更多知识和建立正确的价值观的好朋友。

人在这个社会上不是孤立的，而是和一个又一个别的人联结在一起的。俗话说得好：“在家靠父母，在外靠朋友。”结交价值观趋同、品性优良的朋友，有助于我们不断得到提升，成长为优秀的人。

此外，当你遇到困难，需要帮助的时候，真正的朋友会在第一时间伸出援手，帮助你解决问题。

所以年轻人一定不要当“宅男宅女”，要勇敢地走出去，在不影响学习和工作的前提下多参加社会活动，扩大自己的社交圈子。

和朋友一起聚餐、活动的时候，要大方一点，试着多埋单。这些小举措看似“吃亏”了，却能够在大家心目中留下良好的印象。久而久之，你的朋友会越来越多。

只要按照上面说的，把每个月的工资用在这三个方面，坚持几年，你会发现自己变得跟以前有所不同！

首先，你再也不会因为自己“乱花钱”而有负罪感，因为你知道想要什么，知道自己在做什么，所以你花钱花得心安理得，花得很快乐！

其次，你会发现你已经变得更加强大和优秀。因为你一直把收入的大头投资在“自我提升”上，你从未停止学习，怎么可能没有收获？

最后，你能够收获一帮优质的朋友。经常跟朋友一起交流、学习，不但日子过得精彩充实，而且这种互相帮助、互相促进的感觉真的很好！

三、两个注意事项

上文，在教大家把每个月的工资全部花出去之前，提到了两个必须遵循的原则。在这里，还要提两个注意事项，以免一些自控力不强的朋友将前文介绍的理念作为自己“乱花钱”的挡箭牌。

首先，在任何时候，“花钱”都要量力而行。

花钱买 iPhone 并没有错，因为 iPhone 真的能在很大程度上提升我们的幸福感。但是如果你每个月才有 1000 元的可支配收入，要省半年的钱才买得起，或者需借钱去买，那就不对了。因为它的花费已经大大超出了你目前的收入水平。

其次，“花钱”要在自己规划内进行。

消费，能够给人以极大的满足感，因此有很多人沉沦其中，完全被自己的欲望控制。我们要做热爱生活的人，懂得借用金钱的力量去体会生活的美好，但是我们更要做金钱的主人，而不是被它“奴役”。

我们进行任何消费，都要有所节制，要清楚自己想要的是什么，而不能单纯“为了买而买”。此外，要使自己的收入在提升能力、提升生活品质和社交三大方面有一个合理的配比，且不要为了短期的目的去随意更改它。

你没怀才不遇，只是自视甚高

一

最近单位新增了一批管理岗位，我被告知荣升部门经理，遗憾的是欣喜的心情在收到任命通知的当天下午就已经所剩无几。

那天下午，有个平时处得比较好的同事告诉我：对于我的高升，部门里不少人意见很大。特别是老 A，说了些很不好听的话，并且还扬言要辞职。

我入职不过三年，算是部门里的新人，而老 A 是部门的组建者之一，不折不扣的元老，且无论是工作态度还是工作能力都无可挑剔。出人意料的是，这次岗位调整，原部门经理升迁，而被原经理力荐接任的人不是大部分人所看好的老 A，却是职场新人的我。

我心里清楚，对于升职这件事，肯定是“几家欢喜几家愁”，公司永远无法做到让所有人满意。而我之所以愤怒，是因为同事们认为我是靠“拍马屁”“走后门”坐到了这个位子。

因此不少同事感叹：老 A 真是怀才不遇啊！可惜了！

二

这让我不由得想起，以前我也曾听到亲戚朋友抱怨自己怀才不遇，感叹社会上不公平的事情太多——

Q 是我邻居阿姨家的孩子，国内顶尖大学毕业，又是名校海归，回国后“屈尊”到了一家小企业工作，所有人都觉得他会以火箭般的速度蹿升，谁知 Q 竟在普通职员的位子上一坐就是 5 年，而和他同一批入职的同事，大部分都得到了升迁，其中还包括一个中专毕业生。

阿姨每次跟我聊天都会愤愤不平，大骂企业老板搞官僚主义。而 Q 也只能一脸无奈：“这就是中国国情，没办法啊。”

我的一位发小，以专业第一名的成绩考入某海关，干起活来干净利落，3年后部门内有个管理岗位空缺，得以升职的却是一名能力明显不如她的同事。为此我很替她惋惜。

这样看来，整个世界好像充斥着不平事。那么多人怀才不遇，得不到和自身能力相匹配的回报；相反，那些能力一般，善于溜须拍马，喜欢“走捷径”的“恶人”却能步步抢占先机，抢走本来就为数不多的机会。

没想到这一次我自己居然也充当了这个“恶人”的角色。

三

我很清楚，我不喜欢拍马屁，更没有走后门。

倘若我原本就是“恶人”，现在好处已经落袋，被人骂骂也就罢了，可是明明行得正、站得直，偏偏要背负恶名，未来还要和这一帮同事共事，我心里着实别扭。我是和原来的老大（经理）沟通得比较多，可那都是工作需要。我也不想总是麻烦老大，但是部门要开拓新的业务线，琐碎的事情很多，而我是主要负责人，如果不及时沟通，工作出现问题的话，后果更严重。

周末的时候，和好朋友茉莉一起吃晚饭，席间同她聊起了这件事。

茉莉，女强人一个，在职场一路火速升职，如今已经是跨国公司中国区的大区负责人。作为职场中相对处于性别劣势的女性，她能坐上如此高位，想必遭受的冷眼比我更多。

“领导选你，而非老 A，**其实道理只有一个，就是他觉得你比老 A 更合适！”**

这是听完我的情况后，茉莉说的第一句话。

刚开始我有些不理解。

“我先问你，你们是股份制企业，你的领导只是职业经理人，对吧？”

“是的！”

“也就是说，公司不是他的，不是他一个人说了算，对不对？”

“没错。”

“既然不是他说了算，连部门的人都觉得老 A 比你更合适，但你还是坐了上去，是不是说明他克服了阻力，说服了更高层的领导？”

“应该是这样。”

“你没给他送礼也没拍他马屁，他为什么要克服阻力捧你上去？更重要的是，为什么他的提议还被通过了？你想过吗？”

茉莉的话让我陷入了沉思。

“其实道理很简单，他也不过是个打工的，也有往上爬的需求。既然你们关系没好到一张床上去，也没其他纠结的关系，那无非就是谁能给他带来最大化利益，他就选谁呗！换句话说，他觉得你上去会比老 A 上去更能创造业绩，给他增光，就是这样了。”

我恍然大悟，这才发觉自己当局者迷。

四

我所在的部门，是公司最老的部门之一，发展到现在已经超过 15 年。

部门曾经无比辉煌，巅峰时期为公司贡献利润占比超过 60%。而那段时期，也是老 A 他们最风光的阶段。

但是公司所处的行业变化太快了，这几年被新技术改变得更大。所以老领导（原经理）在的时候，“转型更新”已经成为部门未来工作的核心。

而我，正是创新业务线的带头人。之所以如此安排，是因为部门就我一个本科毕业生，当初那批老员工的最高学历也只是中专。

公司现在的情况是，虽然传统业务在部门营收占比中依然坚挺，但其增速已经下滑到谷底，本年度甚至有可能跌至负数。

而我所负责的业务线虽然占比还不到 10%，但它的活力和潜力却被公司上层看好。

最重要的是，这几年我干得还不错。至少在公司内部，我在新业务上的专业程度无人能比。

这便是职场新人战胜职场老人的“秘密”。

后来我和老领导聊天，他也基本认可了这个观点，只有一点我不知道的是，新的一年公司将进入战略转型，要全面放弃老业务，而在新业务领域，再也找不到比我更专业的人。

所以，这里没有阴谋，也没有后门，有的只是公司利益上的博弈。

五

认为自己“怀才不遇”，或许是很多职场人共有的心理。

不管承认不承认，我们每个人或多或少都曾有过这样的想法，毕竟连自己都看不起的人还是少数的。

“能力都差不多，凭啥他加薪了老子没加？”

“某某工作才两年就做了科室主任，不就是马屁拍得好吗？论工作能力，他有我强？”

回过头去看，很多时候我们的“怀才不遇”并非真的怀才不遇，而是我们的“才”与岗位要求不匹配，或者我们其实还不够有“才”。

这个世界很复杂，可这个世界有时候又很简单。

有多简单？简单到**不管是公司还是个人，首先需要解决的核心问题是：生存和发展。**

公司要生存发展，必须有人能干活，能把活干好。

任人唯亲的企业，很快就会被市场淘汰。

领导要生存发展，必须把人用好。

只凭自己的喜好来任命他人的人，往往也做不了领导。

当你感叹自己怀才不遇时，请首先反思，你真的有才吗？

你干的事情，别人干不了，那才叫有才。

大家都能干的事情，你干出来的效果别人就是达不到，这也叫有才。

同样的事情，别人来干，能打 80 分，你来干，能打 85 分。

确实，你干得比他好，但双方并没有质的差别。

可是在你心目中，可能觉得他只干了 60 分，而你是 100 分。

当人家升上去你被留下的时候，你就觉得自己怀才不遇了。

面对现实吧，你这不叫“怀才不遇”，你只是自视甚高，所谓的“怀才不遇”不过是可怜的遮羞布而已。

六

后来我才知道，Q 在单位目中无人，谁也看不起，人际关系处得很差。

工作中故步自封，犯了错误也从来不承认，结果是连许多中专生在业务上都比他熟练很多。

而我的发小后来被别的部门借调过去了，适应了半年便做了那个部门的骨干领导。

没才的，永远不遇。
是金子，总有发光的机会。

当你有“怀才不遇”感觉的时候，请首先思考一下，你所处的环境，是不是关系大过能力的环境、任人唯亲的环境？

如果是，不管你能力如何，我建议你马上离开。

这样的企业，很可能距离倒闭不远了。

就算没倒闭，你也没啥机会。除非放弃尊严，放弃人格，没有原则地活着。

如果不是，请客观审视自己的能力。
你是否具备不可取代的能力？
你是否能比别人创造更大的价值？
如果是，一般来说，不用你争取，领导都会多关照你。
因为他也害怕失去你。

如果不是，你没有资格感叹“怀才不遇”。

因为你还不够有才。

承认自己是个普通人不丢脸。

自欺欺人就可笑了。

不但自欺欺人，还要求得到和你能力不匹配的待遇，就可耻了。

别用你的方式对我好

一

小 A 最近分手了。确切地说，是被甩了。

“难道我对她还不够好吗？她喜欢的衣服第一时间买给她，她生病了我嘘寒问暖，每天早早接送她上下班，为什么她要这样对我？”

他显然还没有从失恋的打击中恢复过来，双眼有些红。我们在一家小酒馆从晚上 7 点一直喝到凌晨 1 点多，但酒精似乎并没有缓解他的痛苦。

这种事情处理起来最麻烦了。双方当事人都是我的好朋友，我了解事情的经过，也明白其实在整个恋爱过程中两人都没有犯原则性的错误。

当然，还有句话我没敢在这个时间点跟小 A 直说。

那就是，如果我是小 A 的女朋友，估计也会和他分手的。

二

全心全意地对一个人好，可 TA 却感受不到，或者没有给予相应的反馈，这在我们生活中并不少见。

男女之间如此，父母与子女之间如此，朋友之间同样也如此。

每个人的生命旅途中，总有一些时刻会冒出这样的想法："我对你这么好，你却这样对我，难道好人真的没有好报？你的良心都被狗吃了？"

我家楼下有对小夫妇，儿子六七岁。每个周末的上午，我都能看到男孩的妈妈像押送犯人一样拉着小男孩去学钢琴。小男孩板着脸，显然不认为妈妈的这种行为是对自己好。

小孩子或许还不知道好坏，但这真的是唯一的原因吗？其实在成人的世界里，这种"不知好"的现象更常见。

多少夫妻，即便彼此都在为对方付出，努力地维系着感情，却终究难挡七年之痒，以令人遗憾的方式结束了婚姻关系。

多少父母和子女，一旦面临高考专业选择、职业选择等关键的节点，便因见解不同而吵得你死我活，甚至冷战数月。

难道他们不知道，对方其实是在对自己“好”？其实，他们大部分时候是知道的，但为什么还会闹得这么僵?

这只是因为他们还不懂什么叫对人好。

很多时候，我们以为对某人好是一种态度。但事实上，它更是一种能力。

很少有人教我们应该如何正确地“对人好”，而“好”的方式错了，自然会导致错的结果。

三

无数悲伤的故事已经证明了这一点：**对人好，仅仅用心付出是不行的，还必须采取对的方式。**

也就是说，“对人好”同样是一种技能，有高低之分。

既然是技能，那就说明需要修炼，是可以通过修炼得到提高的。只是几乎所有人都只在意“有没有这份心”，把注意力都放在了态度方面，忽略了方式、方法的重要性。

想要提高我们“对人好”的能力，其实并不难，把握两个要点即可：

首先是我们要学会“用对方需要的方式对 TA 好”，其次我们必须遵循适度的“付出—回报”原则。

1. 用对方需要的方式对 TA 好

以自我为出发点，用自以为是的方式对 TA 好，几乎是一切悲剧的根源。

我们关心一个人，最习惯的方式一般是“觉得对方需要什么”，然后就一厢情愿地默默付出，却很少认真去想：对方真正需要的是什么。

在某个网络社区的一次调查中，其中，有一种男朋友的关心方式高票当选姑娘们“最讨厌的关心方式”，它是这样的：感冒了打电话给男朋友，结果对方来了一句：“感冒啦？一定要多喝白开水哦！”

叮嘱对方多喝白开水当然是一种表达关心的方式，可问题就在于：

a.姑娘们当然知道男朋友关心她们，这是不用表达也清楚的；

b.感冒了要多喝白开水，这是地球人都知道的事情，还需要男朋友再次提醒吗？这种话听起来很漂亮，其实不仅对事情的解决没有一点实质上的帮助，反而显示出一种不够关心的冷漠。

说一万句这样的漂亮话，都不如下班后默默地赶过去，陪姑娘一起看看电影，或者，陪她喝点白开水。

过年了，你买一大堆昂贵的保健品送给父母，也不见得他们有多高兴。相反，如果你平时能坚持每天打一个电话，回到家尽量多陪陪他们，他们会高兴得跟孩子一样。

因为对父母来说，跟自己的孩子在一起就是他们最需要的，这比任何礼物都要珍贵。

妻子和你因为某件小事吵了起来，吵着吵着就哭了。你知道这件事情确实是她错了，你是有道理的，便试着跟她讲道理以求和解。

你想的是“这件事情明明就是你错了，怎么生气的反而是你呢？”可妻子想的却是“谈恋爱的时候什么事情都让着我，现在这点小事都开始斤斤计较。就算是我错了又怎么样？你就不能让让我吗？难道你已经不爱我了？”

道理她都明白，她需要的绝对不是你跟她说清楚道理，而是你给她“她依然还是你最爱的那个人”的感觉。

想要真正的“对人好”，请先静下心来想一想，对方真正需要的是什么。

2. 遵循适当的“付出—回报”原则

我们对别人好，绝对不能一味地付出，完全不求回报。

任何单方面的付出都是难以持续的，而且对方很容易习惯于这种不用任何反馈就可以轻易得到的好，并最终对此完全失去感觉。

我干过几年销售，当时主管教过我一个理念，我至今记忆犹新。

他说：

“新手做销售，总是想着多帮客户的忙，特别怕麻烦客户。但其实人对自己轻易得到的东西相对没那么在乎，对自己的付出却印象深刻。所以让客户记住你的要诀就是，除了做好服务工作，还要适当地让客户帮你一些小忙。”

后来几年，我将这个技巧运用到自己的销售工作中去，结果我很快就成为公司的销售明星。

人就是这么奇妙的一种动物，对“得到”心安理得，对“失去”刻骨铭心。**维持好人与人之间关系的关键，莫过于在“得到”和“失去”之间找到平衡点，在“付出”和“回报”之间找到中间线。**

你对人好，绝对不能默默无闻，完全不求回报。如果真这样去做，对方很容易习以为常，而一旦你停止付出，人家就会开始埋怨你。

这就像我看过的一个笑话：一个富翁乐善好施，每天都会打赏门前的乞丐两英镑。后来富翁家道中落，每天只能打赏乞丐一英镑，另外剩下的一英镑要用来补贴家用。结果乞丐勃然大怒：你居然用我的钱去养家？

正确的“对人好”应该是这样的：

你对 TA 好，一定要让 TA 知道。并且还得让 TA 明白：我对你好，是因为爱你（欣赏你）；我对你好，也不是理所当然的，我也期望得到你的回馈。

电视剧里那种“默默付出十年”，对方终于被真情打动，然后有情人终成眷属的故事，在现实里几乎是不会发生的。这并不是说人性本恶，这是由我们的基因决定的，每个人都一样。

四

回过头再去看一看，我们会发现，其实大多数时候我们“对人好”的方式都错了。

面对老人，我们用物质补偿来替代精神慰藉；面对伴侣，我们用空洞的言语来替代真实的陪伴；面对小孩，我们用强制性的学习来替代自由的玩耍。我相信我们每一个人或多或少都在用这些错误的方式去“关心”，去“爱”。

甚至有的时候，我们在以“爱”的名义，行“控制”之实。这不叫“对人好”，这其实是“对自己好”。

自己小时候的梦想是当个医生，因为各种原因没有当成，所以强迫小孩去念医科，完成自己的梦想，却不管小孩是否对医科感兴趣，是否想做医生。

追求一个女孩，你只知道在任何场合都围着她嘘寒问暖，关怀备至，却不管这种行为可能对她带来多大的心理压力——所有人都知道你喜欢她，好像她不跟你在一起就对不起你似的。

这些其实都不是“对人好”。

可这些就是大多数人所理解的“对人好”。

这样的“好”，我们自己都不想要，所以，也请别强加给他人。

五

鼓起勇气，对那些“对你好”的人说一句：

请别用你的方式对我好！

被人接受的第一步是学会拒绝

一

有一种苦恼，相信绝大多数人都经历过，那便是不知道如何拒绝他人。

一个久未联系的老同学突然跟你借钱。借吧，你感觉和他不是很熟，而且基本是有借无还的了；不借吧，又怕老同学在圈子里说三道四。

同事临时有事外出，想让你帮忙完成工作任务。帮吧，你自己的工作还没弄完；不帮吧，又担心从此同事关系处不好。

对大部分人来说，在力所能及的前提下，还是非常乐意为他人提供帮助的。但确实在很多时候，帮，会让自己很吃力、很为难。不帮，又容易落下诸多顾忌，实在叫人左右为难。

二

如果你性格稍微有些软弱，往往就会选择为难自己，硬着头皮答应别人的请求。

但你以为这样事情就完了？早着呢！选择了帮忙之后，事情往往是按照下面的方向发展的：

情况一：

你选择先完成自己的工作，再做别人的事情。结果因为时间来不及没做好，朋友非但没有感激你，反而在别的场合说三道四，说你答应了却没把事情做好。你自己感到非常憋屈，吃力不讨好。

情况二：

你选择先完成别人的事情，再做自己的工作。结果别人的事情倒是完成得很漂亮，人家轻飘飘一句“谢谢你”就完事了，可是你自己的事情反而没做好，挨了领导批评，偏偏还无人可以抱怨，同样感到非常憋屈。

下次同事又来找你帮忙，你已经不知道该怎么办了。

情况三：

你精力充沛，能力过人。同事、朋友找你帮忙，你有求必应，在不影响自身的情况下还总是能把别人的事情做好。

结果你发现，找你的人越来越多，很快就多到你都应付不过来了。但你又不能厚此薄彼，这个朋友的忙帮了，那个朋友的忙能不帮？最后你身上额外的担子越来越重，却没有一个人了解你的苦衷。

最要命的是，大家越来越习惯你无条件的帮忙，并且觉得理所当然。一旦有一天你开口拒绝，之前积累的好感便荡然无存，别人非但不记得你之前的“好”，反而埋怨你“变了”。

每一个单位，都存在一类人，俗称“老好人”，就是那种来者不拒、谁的忙都愿意帮的类型。这类人往往人缘非常好，大家都很喜欢。奇怪的是在企业里他们的存在感往往非常弱，很难做到管理岗位、关键岗位。

三

如果你性格稍微强势点，或许会选择拒绝，但拒绝以后的事情同样没那么简单。

如果你对不管谁的要求都是一口拒绝，时间长了，大家会觉得你特别不近人情，很难打交道。久而久之，你会被周围的人孤立，也没人愿意帮助你。

如果你有选择性地帮忙，则又会给人留下“厚此薄彼”的坏印象，被人认为搞小圈子。

四

难道真的不存在好的解决方案，非要弄得里外不是人？其实也不是。

处理这种“被人求帮忙 ”的事情，不管选择“帮”还是“不帮”，都是有技巧的。首先我们要走出一个心理误区：想要让周围的人接纳我们，就要有求必应。事实上，**学会适当的拒绝才是我们被别人接受的第一步。**

首先来看一下前面提到的例子：为啥很多企业里面的老好人，人缘很好，却往往没有存在感，也得不到更多的发展机会呢？

其中很重要的原因是，他们犯了两个错误：

错误一：他们没弄明白，在任何企业里，把自己的事情做好才是最大的本分。而帮助同事，只是“第二本分”，有时候甚至都算不上是“本分”。你投入越多的时间在帮助他人上，相应地，你投入到本职工作上的时间就越少。关键在于，如果你连本职工作都做得不够出色，又怎么可能赢得更多的发展机会？

错误二：他们没弄明白，来者不拒的帮助只会让自己额外的付出变得没有价值。事物因稀缺而显得珍贵，太容易获得的东西大家反而不会珍惜，这是人之本性。此外，帮助他人不是企业职员的义务，也不存在任何一种制度规定，“帮助他人越多就该得到越多”。

只有弄明白了这两件事情，我们才会明白应该如何合理地应对他人的求助。

一般而言，我会采取下面的步骤去处理他人的求助：

1. 先判断事件的紧急度。如果别人求助的事情会对他的生命、工作、家庭造成非常重大的影响，而帮助他又在你的能力范围之内，那么必须帮！尽管这可能会对你的短期利益造成一定的影响，但是在这种情况下，“利益”绝对不是我们考虑的第一因素。

2. 如非上述情况，那么先看对方的求助事项是否合理，如果不合理，直接拒绝，不用考虑对方的反应（比如说，十年未联系的“老朋友”突然跟你借几万元之类的）。事实上，会提出这类求助的人，绝对不可能是你的“朋友”，这样的社交关系，你也没必要维护。

3. 假如求助事项在合理范围内，那么再考虑所需提供的帮助是否在自己能力范围内，即自己的时间、经济状况等条件是否足以帮助到他人。如果说帮忙会对自己的工作、经济状况等带来较大影响，就选择拒绝。但很重要的一点是，你一定要很清楚、很具体地告诉对方自己的实际状况，以及为什么拒绝，同时表示歉意。只要你说明白，一个情商在正常值的人都不可能因此而对你有看法。

4. 假如求助事项在自己的能力范围之内，你们的关系又不错，你可以选择帮忙。这里同样有很重要的两点：第一，你必须让对方明白，你也有你的工作和事情，你首先是因为自己的能力允许，其次是因为珍惜双方关系才选择了帮忙。这样做并非居功自傲，而是要让对方明白你并没有义务做这件事情，从而凸显你对双方友谊的珍惜。第二，答应帮忙的事情，再困难都要尽最大努力做好。假如没做到位，一定要及时说明原因并向对方道歉。

按照这样的方式去处理同事、朋友的求助，非但不会让别人孤立你，反而能够让你越来越受欢迎。同时，你也不会因为太多的“额外帮忙”而给自己的工作和生活带来困扰。

没有哪种友谊
能经受得住时间的考验

一

在我算不上短暂也谈不上漫长的人生中，可被称为“好友”的人不过两三个，E 是其中之一。

初二的时候我们是同班同学，也是班里学习成绩最好的两个。他家离学校远，所以住在学校旁边的一个亲戚家里。那时候我家里很穷，所以经常在中午放学后去他亲戚家蹭饭。

一起学习，一起吃饭，一起憧憬未来，我们的友谊便在这些琐事中日益深厚。到后来又一起考上了本市最好的高中，同窗 3 年，虽然嘴上没说啥，但彼此都已经将对方当成了一辈子的好朋友。

再后来，我们考上了不同的大学，去到不同的城市工作。各自有了不同的生活，大家的工作逐渐忙碌起来，特别是有了家庭、小孩后，联系便逐渐减少。

有一天，我突然想起，好像已经很久没有和 E 联系了，不知道他最近过得怎么样，于是打开微信，发了一条问候信息过去。

微信提示：你的消息发送失败，对方可能已经将你删除。

原来我一直当作最好的朋友之一的 E，已经在他的微信通讯录里把我删除了。

二

对此我感到非常愤怒：一直被我当作最好的朋友的人，居然已经把我遗忘了。

愤怒过后，是一阵恐慌。因为我发现自己最为宝贵的一段友谊，已经在我的疏忽下，在岁月的侵袭中，不可阻挡地越行越远，最终消失在我的生活中。

我努力地回忆过去，试图寻找原因：曾经关系如此密切、相互鼓励、一起成长的好朋友，是从什么时候开始一周都说不上一次话，一年都见不上一次面，再到最后彻底不联络了呢？

我发现，其实我们都没错，也都错了。

曾有人说，真正的友谊是可以经受得住时间的考验的。

这或许只是一个美丽的谎言。

三

其实，哪有什么友情能够经受得住时间的考验，一切都是我们自欺欺人的借口而已。

年少时的我们，无忧无虑，除了吃饭、睡觉、学习，友谊便几乎是我们的全部。我们和朋友们一起上学，一起放学，一起吃饭，一起玩耍，以为这样的日子可以一直不变。

可是，我们终究会长大，很多事情都变了。

我们不再是那个只要好好念书，拿出好成绩就能得到表扬的少年。生活也开始展现它狰狞的一面，当一个月的工资在支付完房租和饭费后就只剩下几百块的时候，当每个月只要稍微懈怠就无法完成工作任务的时候，当我们发现一旦自己不努力，家人就要挨饿的时候，我们只能将自己逼成曾经自己都讨厌的那种人。

一周一次和好友的联络被一周无数次的加班取代，一年数次的老友聚会被一个又一个项目研讨会取代。曾经那么热爱聊天的我们已经很久不登录 QQ 了，有太多更重要的事情占据了我们的时间。

只有在少数几个夜深人静的夜晚，拖着疲惫的身躯一个人躺在床上，我们才会想起很多年前那段曾经被我们看作这辈子最重要的友谊。这时候我们或许会懊恼——为什么不抽出时间联系一下老友。可是，当阳光再次洒向窗台的时候，我们的生活马上被繁多的工作占满了。

我们为自己寻找一个又一个借口，把维系友谊在日程表中的排序不断往后推。

我们不愿意承认，曾被我们珍视的友谊，其实并没有我们想象的那么重要。我们欺骗自己：真正的友谊是经受得住时间的考验的，即便 10 年未联系，我们也能和友人一见如故。

我们寄希望于岁月，而岁月只会还我们以真实。

四

这世间，越美好的事物越脆弱，越需要我们精心呵护。

亲情如此，爱情如此，友情同样如此。

我们所犯的最大的错误，就在于我们将得到亲情、爱情、友情当成理所当然，我们心安理得地接受，却忘记了它们同样需要通过我们持续地去付出、去维系。

在外，我们努力将自己包装成通情达理、大度豪爽的人；在家，对自己的亲人却变得任性易怒、斤斤计较。

对陌生人，我们彬彬有礼、进退有度；对恋人，我们却锱铢必较、歇斯底里。

我们有时间出去跑客户、忙应酬，却没有时间给好朋友打个电话。

我们可以不远千里给领导拜年，却不愿在家里多待两天。

生活逼迫我们戴着面具艰难地生存，我们则把心底所有的负面情绪倾倒给了自己爱的人和爱自己的人。

我们任性地挥霍着自己生命中美好的东西，丝毫没有发觉它也是消耗品。

五

说到底，我们之所以如此，还是因为太自私。

我们想得到的太多，愿付出的又太少。

当我们将一段友谊定性为“可以经受得住时间的考验的友谊”的时候，难道潜意识里不是认为，即便自己不做什么，它也可以一直维持下去吗？

所以，别再去谴责那些将你遗忘的朋友。并不是友谊没经受得住时间的考验，而是它在你心中根本没那么重要。

你所怀念的友谊，仅存在于你们曾经共度的那段时光，和现在的你们已经没有半点关系。从来就没有哪种友谊经受得住时间的考验。

真正的友谊也不需要经受得住时间的考验，它存在于过去，更存在于当下，它存在于双方共同的付出中。

请别将你自己的过错嫁祸给时间。

生活不会给你太多准备时间

一

从出生到上大学，我们每个人都会度过很长时间的“有计划”阶段。

有计划就意味着很多重要的节点都是安排好的，有明确的时间规划，这自然给了我们充足的准备时间。

比方说读书的时候，什么时候上什么课，什么时候考试，基本都是确定的。即便是临时考试，老师也会提前通知，划好重点。我们根据重点去学习、备考，在计划的时间内考试，事情就结束了。

正因为过了太长时间有计划的生活，我们都忘记了有计划其实不是生活的常态。真实的世界里，很多事情的发生都是出乎预料的，生活不会给我们太多准备的时间。

很多学生步入社会、开始工作之后会特别不习惯。因为工作的节奏比校园生活快很多，变化也多很多。更重要的是，工作的时候突发情况很多，计划永远赶不上变化。

我曾经有个短暂的市场工作经验，就经历过这样的突发情况。在入职的第一天，领导就让我第二天去给某银行网点的所有员工做产品培训。

当时我从事的是基金产品的销售工作，虽然考过了5门基金行业从业资格考试，有一定的基础知识，但距离做好一场专业的产品培训肯定是距离很远的。更重要的是，在这之前我从未有过登台给那么多人做培训的经验，对于该如何把握节奏、如何控场，大脑完全是一片空白。

我担心自己会紧张，忘记内容，担心自己讲得不专业……总之有一千个担心。所以当时的第一反应就是想拒绝，但却始终没说出口。

第一，刚入职就拒绝领导的工作安排总归不是一件好事，我还是有点事业心的。

第二，当时这个培训的时间节点都确定了，但所有其他同事都有了培训安排，只有我一个人能顶上去。

最后只能硬着头皮上了，我准备了一个白天加一个通宵。所幸，客户非常包容，最后的效果还是不错的。

二

毕业时间越长，我发现工作和生活中类似这样“没有准备时间”的事情就越多。

比如项目实施过程中因为某突发因素临时受阻，你需要在很短时间内给出解决方案。

又比如公司新成立了一个部门，领导任命你为负责人，而在这之前你完全没有管理经验。

再比如公司某个核心骨干突然离职了，他的工作任务一下子转交给你，可是你对此非常不熟悉。

面对这样的突发情况，不同的人应对方式是不同的。

一类人，总是选择逃避。他们推脱的理由就是“准备时间完全不够”，意思就是我不做或者做不好是应该的。

另一类人，会迫于形势（工作需要、领导要求）硬着头皮上，但确实因为准备时间不足而把事情搞砸。

但是我发现，还有一类人，应对突发情况的时候总是游刃有余。大部分时候，他们都能在准备时间不足的情况下把事情做好。这类人往往更容易得到领导青睐，获取更多发展机会。

生活往往不会给你太多准备时间，但它同样不会降低对你的要求。而这种“缺乏准备也能将事情做好”的能力，或许就是决定我们人生发展高度的主要力量之一。

三

准备时间不够，但事情还是要做好，这种要求合情合理吗？

首先，我认为它是不合情的。

世间万物还是有它们的基本规律的，其中之一就是：准备时间越充分，就有越大的概率把事情做好。从这个角度看，不给足够的时间，还要求做好事情，肯定是“不近人情”的。

其次，和大部分人观点相反，我认为它是合理的。

事实上，突发情况是大部分公司、大部分人都不希望面对的。尽量避免意外的发生，保证事态发展在可控范围是保证企业组织良好运转的主要工作之一。

但突发情况是任何企业都会面临的状况：突然冒出来的订单、工作人员的突然离职、项目进展中的意外都属于这种情况。但这种意外仅仅是针对企业和负责人本身而言的，并无任何条例规定所有相关方有义务因为这种意外而降低对项目的要求。

你承包了某企业一个开发外包订单，做到一半核心开发人员离职了，但对这个企业来说，项目如期完成交接是最基本的要求，也是你的义务。

企业因为业务需要新增了一个部门，需要有人把它管理好。对负责人来说这是突发情况，对企业来说却是发展过程中必须要解决好的问题。

万事万物只存在发展和需求，唯独不存在“情”这一说法。

换句话说，对“准备时间不足”的应对能力，恰好是企业和个人的核心竞争力之一。

四

另外一个需要思考的问题是，那些总是能在准备时间不足的情况下把事情做好的人，他们的准备时间真的不足吗?

公司遇到紧急公关问题，有同事查了下通讯录，不到两个小时就找到关键人物，平息了事态。在你看来是两个小时解决问题，但人家可能在人脉积累上已经花了数年时间。

公司要召开一次紧急的大型会议，某员工临危受命负责组织，最后所有工作安排得井井有条，结果皆大欢喜。你看到的是他此刻通宵达旦，却没看到他之前可能已经花了很多时间在学习活动组织的相关知识。

人的能力和精力都是有限的，绝对意义上的“准备时间不足却将事情做得很好”其实是不存在的。那些总是能处理好紧急情况的人，并非天赋异禀，而是得益于日常生活中的准备工作和深厚积累。

俗话说“机会总是留给有准备的人”，就是这个道理。

五

那么，我们如何让自己成为那种“时刻有准备”的人呢?

首先是不逃避。

遇到任何突发情况，首先我们应该培养自己“绝不逃避”的心态。事情来了，逃避无助于解决任何问题。就算硬着头皮上，你的态度所有人都会看在眼里。

要记住一个原则：事情做了总比逃避强，事情做完比“完美地做完”要好。

有些人有所谓的“完美主义”情结，所谓做事情要么不做，做了就一定要做好。事实上，在实践中这种理念是完全不可行的，实际情况是事情“完成”比“完美”要重要很多。

你总是能完整地把事情做好，本身就是一件很了不起的事情。在不断完成事情的过程中，还有大量的时间供我们去优化、调整，让事情趋近完美。

其次是做预判。

除了学习本职与工作相关的知识，我们还要适当扩展自己的知识的外延。这大概可以通过下面几个方面来进行：

第一方面：全局观

要熟悉公司不同部门间是如何配合的，它们各自又是如何开展工作的，工作中会涉及哪些方面的技能。要了解不同的事情在公司的处理流程是怎样的，从而建立起对公司的全局认知。

第二方面：配合观

自己所在部门的对口部门及该部门同事的工作情况是需要我们重点了解的。了解得越详细，我们就越容易同他们做好配合。此外，当自己所在部门或者对口部门出现突发情况的时候，我们也更清楚该如何处理。

第三方面：通用观

一些通用的能力，诸如演讲能力、英语、管理能力等，常常可能让我们在某些情况下大放异彩，这些能力不管当下是否需要，我们都要花足够的时间去学习、培养。

第四方面：人脉观

每个人一生都会认识很多很多的人，但大部分人都不太注重经营自己的社交关系。要成为有准备的人，就要时刻督促自己去维护好和朋友、合作伙伴的关系。长时间积累下来，大部分突发情况就算你自己解决不了，也总能找到能给出建议甚至帮你搞定的人。

第三章

成功并非触不可及

人生这场游戏，我们唯一相对公平的资源就是时间。能否合理地利用时间，直接决定了我们在这场游戏中能够取得怎样的成绩，达到怎样的高度。

怎样让自己保持长时间高效学习？

关于高效学习，我在过去一年里有些经验和心得。

2015 年，我新开了一家公司，前期只有两名员工，要处理的事情千丝万缕。同时因为人情关系，我还担任着另一家上市公司的顾问，在差不多 10 个月的时间里，我的工作量是常人的 3 倍，每天早上 7 点钟起床，但很少在凌晨 1 点前睡觉。

然而就在这 10 个月的时间里，除了完成以上两份工作，我还出版了自己的新书，承担了一份 10 万字左右的内部资料 80% 的工作量。出于工作需要，我从零开始自学了前端知识，熟悉了 Bootstrap 框架，完成了公司两个网站的大部分前端工作（当然水平一般），其间还穿插自学了 Python，目前已经能用它完成一些简单的工作。

这样的经历对大牛来说可能不算什么，但对两年前的我来说是不可思议的。接下来，我将根据这段经历就“如何长时间高效学习”谈谈我的心得。

如何长时间高效学习，我觉得这个问题可以拆解为 4 个方面：

1. **动机**：你为什么要长时间高效学习？

2. **身体**：你必须具有足够强大的身体机能去支撑。

3. **方法**：如何长时间？如何高效？

4. **反馈**：给你的学习增加一些反馈机制。

一、动机

在学习开始之前，你必须先问自己：为什么要长时间高效学习？并且找到真正能够说服自己的答案。

有太多人喜欢一开始就给自己的行动找一个宏大的动机，比如“我要做更优秀的自己”又或者“我不想平凡地度过一生”，诸如此类。

我个人认为，这种抽象的动机，是很难真正让一个人长时间坚持学习的。原因在于，这种动机很难找到好的评判标准和反馈机制：“做更优秀的自己。”到底怎样才算“更优秀”呢？当你看完一本书，若有所得，这算“更优秀”吗？学会 Excel 的一个新技巧，算“更优秀”了吗？

假若是这种动机，你发现自己一旦开始，就将面对一条完全看不到目的地，也得不到反馈的漫漫长路。而这种缺乏评判标准和反馈的动机是很难持久的。很快你就会沮丧地放弃。

还有一种情况，是我们之所以高效学习，其实是“被逼”的。比如很多人喜欢在 deadline 前几天开始拼命，又比如很多学生在考试前一周开始刷夜，就都属于这种情况。

但是如果没解决好动机问题，在压力之下拼命会很容易让你感到疲惫。可能坚持一两个星期还可以，再长就不行了。在这种情况下，最后的结果往往是短时间爆发后更加猛烈地放纵自己。

我们要的不是一天、一个星期的短时间内的突击学习，而是“长时间高效学习”，如果我们找不到能真正打动自己、自己内心真正认可的动机，想要做到这一点是很难的。

我个人认为，好的学习动机应该是：具体化、长短结合，并且与自身需求相结合的。

具体化：

所谓“具体化”，就是不要用无法量化的目标作为自己的动机。例如，和“做更优秀的自己”相比，“我要跳槽到 Google 去工作”就是具体化的目标和动机。

动机具体化了，我们才能找到评判的标准，给自己建立反馈机制（这点在后面会详细说），同时我们也更容易把动机分解，具体点说就是根据目标大小进行分解，根据周期长短进行分解等。

比如“我要跳槽到 Google 去工作”，大体可以被分解为下面几点：

a. 了解 Google 的岗位需求，以及自己想要应聘岗位的详细要求。

b. 学习某种语言和某类技术，使自己达到 Google 的招聘要求。

c. 认识某朋友，给自己争取内推机会。

……

如果再详细一些，上面每个子项还可以继续拆分。

具体化之后最大的好处是：你非常明白自己学习是为了什么，你应该做什么事情，以及这些事情你进展到什么阶段了。“长时间高效学习”是个没有终点的“无限”过程，具体化动机相当于给这个过程设定方向，设下路标，让我们不会迷路，能够坚持走下去。

长短结合：

上面说到动机（或者说目标）的拆分，也就是说，我们应该将整体目标拆分成各个不同大小的目标，根据完成目标的时间周期以及难度，设定长期目标、中期目标、短期目标。

就我个人而言，有段时间我每天除工作外坚持最少 5 个小时的高效学习，而我给自己设定的整体目标是：我一定要在 2015 年出版一本自己的书。

因为出版社已经确定了我的选题（也就是说，只要在规定时间内交稿，书是肯定可以出版的），我便根据这个整体目标给自己制定了不同的周期目标。

6 个月周期：完成新书第一稿的写作

第 1 个月：准备期

第一周：基础资料搜集整理。

第二周：确定新书整体框架结构。

第三周：与出版社 / 业内专家沟通，整理反馈意见。

第四周：确定新书整体框架结构。

第 2 个月：完成章节 1—2 初稿的写作

第 1 周：完成章节 1 的初稿写作。

第 2—4 周：完成章节 2 的初稿写作。

……

实际的目标设定表会比这个更详细一些，篇幅所限这里我就不再展开。

完成目标长短结合的分解之后，每个星期、每一天我都很清楚自己要学习哪些东西，且在完成之后会有很明确的反馈。进入到这个节奏之后，每天 5 个小时高效学习并没有想象的那么难。

不知道大家有没有这样的感觉：我们去一个陌生的地方，回来的时候总觉得比去的时候快一点。其实路程是一样的，时间也差不多，唯一的区别就是回来的时候我们知道“目的地”在哪里。未知让人恐惧，而当我们了解了前方的路，整个旅程就会轻松很多。

与自身需求结合

与自身需求结合，是说学习动机最好与你最想要的、最需要的东西结合起来。

很多人将自己难以坚持归因为“自控力不够，意志力不够”。这个结论对，也不对。不同的人的意志力水平千差万别，意志力足够强的人确实更容易进入“长时间高效学习”的状态，但其实大部分人的意志力水平都是一般的，而事实上他们当中依然有很多人能达到目标。

因此，比起“如何提高意志力”这种更为复杂、解决起来需要更加漫长的时间的问题，我们首先要关注的是：如何让意志力水平一般的人达到目标？这里我要推荐的一个方法就是，将学习动机与自身需求相结合。

“学习一门新的编程语言”是一个动机，但这还不够，改成“学习一门新的编程语言，然后去 × × 公司工作”就与需求结合了。

“每个月阅读一本书”是一个动机，同样也是不够的，改成“每个月阅读一本书，然后发书评到豆瓣和朋友圈去接受敬仰的目光”就与需求结合了。

我们要想清楚自己想要什么？什么是最吸引我们的？

面子、金钱、地位、朋友关系、夫妻关系，这些都是很好的结合点。

可能有朋友会说这样是不是太功利了？学习的目的不应该是让自己变得更好吗？

事实上，“让自己更好”是总的目标，或者说结果。只是“让自己更好”是个无止境的过程，它大部分时候看起来太过遥远。而对普通人而言，让自己坚持下去更需要的是近在眼前的东西。

其实两者并不矛盾。可能你就是为了钱去学习的，但学习之后也并不妨碍你同时变得更好。

有时候我们的动机太“高大上”，反而缺乏一些接地气的东西。

二、身体

很多时候，阻碍我们坚持下去的不是我们的意志力，而是我们的身体。

一学习就犯困，看书两个小时就头痛，下班后就没有精神不想学习，这很有可能是因为你的身体已经非常疲惫了，于是大脑给你发出了“休息”的指令。

这时候硬逼着自己去学习，效果肯定不会好，而且对身体的伤害也非常大。

身体素质差，影响的不只是你的精力，还有你的心情。压抑、郁闷、沮丧……太多的负面情绪让我们无法进入学习状态，而这些负面情绪很多时候都是缺乏锻炼导致的。

我是在工作最为繁忙、休息时间最少的那个阶段开始启动晨练计划的。每天无论多困，我都坚持7点左右准时起床，然后去家附近的体育场跑步。里程数也不多，就跑3～5公里，出一身大汗，然后散步回家。

晨练的效果可以说是立竿见影的，说实话，迎着阳光跑步的感觉真的很好。当汗液从身体内部奔涌而出，所有的压力、疲惫好像都随风而去了！坚持一个星期后，我发现虽然自己睡眠时间减少了，但是睡眠质量却大大提高，整个精神状态反而上去了。

之前下班吃过晚饭后经常觉得特别困，工作效率特别低。但是晨练之后这些状况都得到了很大的改善，注意力也更容易集中。

摄于最常去的体育场

三、方法

方法方面，主要聚焦两点：一个是长时间，另一个是高效。

先说高效

针对“如何高效率学习”，方法有千千万万，我个人实践之后总结出两个比较有效的办法，供大家参考。

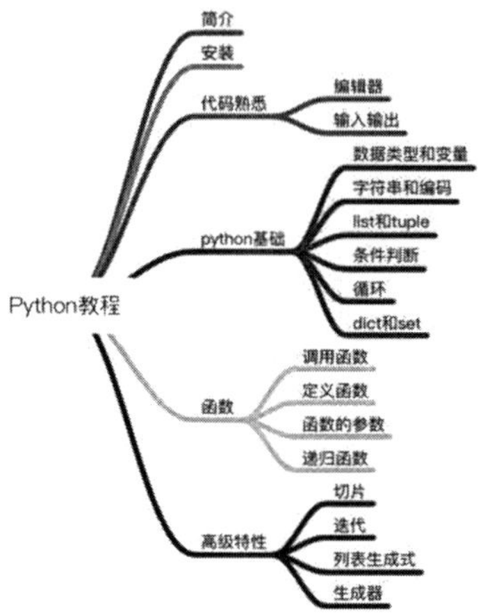

学习时做的部分思维导图

方法 1：总分总式学习

所谓“总分总式学习”，就是先对学习主题有个整体的概念，然后再去学习每一个细节，贯通细节后再组合成整体。

以看书为例，我的习惯是先看一遍目录，然后用 MindNode 将整本书的脉络用思维导图的形式画出来。这时候不用太追究目录的字面意思到底是什么。

看完目录后，以囫囵吞枣的方式快速将整本书过一遍。这个过程能够让我建立起对整本书的认知，也了解到自己想要学习的内容都包括哪些部分，每个部分大概讲的是什么。

最后是精读。将内容划分主次，次要内容争取迅速搞懂，重要内容一定要扎进去，吃透。

这种学习方法，开始时速度会比较慢，但越到后面速度越快。因为我们是先建立整体的概念，然后再去了解细节。这让我们的学习过程不再是盲人摸象，而是有目的、有方向地去学习。

就个人感受而言，这个方法最大的好处是：让我能够读完一本书。在这之前，很多书我其实只看到三分之一，至多一半就放弃了，结果，对一本书的整体认知没建立起来，只学到支离破碎的知识，效果很差。

方法 2：学了就用，学练结合

古人说“学以致用”，现代人说“学习与实践相结合 ”。我个人认为，边学边练还有个很大的好处，就是让我们马上得到反馈，看到学习成果。而这个过程，能够大大提高我们学习的乐趣，使得我们更容易坚持下去。

比如我刚学习 Html 的时候就是这样：每学会一条语句，就马上新建一个文件，输入刚学会的代码，然后查看代码的效果。

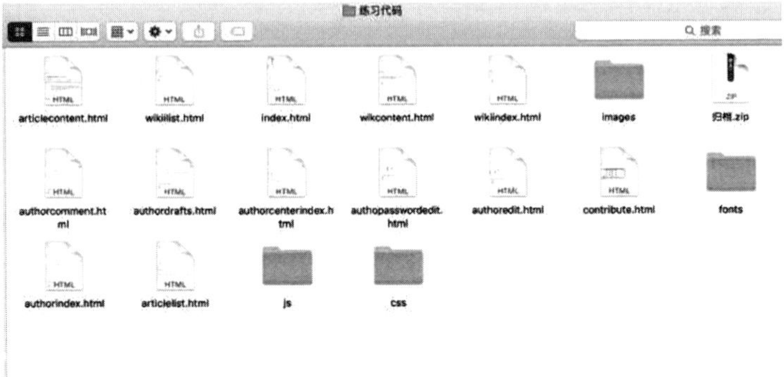

学习 Bootstrap 期间的部分练习文件

不得不说，这种“看着自己的代码变成各种不同效果的网页”的感觉非常好。它让我知道自己通过学习能做到什么事情，让我非常具体、深切地感受到学习给自己带来的提升，从而让我更加喜欢学习。

因此，在我看来，看书，就要画思维导图，写书评；学编程，就要边学边写代码。学了就用，才能让我们对理论建立感性的认识，让我们更轻松地将学习坚持下去。

再说长时间

个人感觉，我们长时间专注学习的最大干扰因素就是一些坏习惯。

比方说刷微博或者刷朋友圈，这在很多时候几乎已经成为一种“病”。很多人时不时就喜欢拿出手机，刷一刷，不刷就浑身难受。

又比如有些人看一会儿书，就喜欢打开电脑看看新闻，有时候甚至只是无聊地在桌面上“右键—刷新—右键—刷新”。

如果我们在前期能克服这些坏习惯，进入到专注学习的状态，之后想坚持下去就会变得容易很多。这个过程一开始会比较痛苦，但坚持一两周的时间后，就会养成习惯。

另外，长时间专注地学习只靠自我监督会比较困难，比较好的方法是找一个人来监督自己。例如，我的方法就是开始学习时，把手机交给妻子保管，杜绝在学习的时候刷朋友圈。除非有重要电话，否则不碰手机。

一个多星期以后，我就会习惯性忽视手机的存在了。要知道这并不代表我的意志力有多强，之所以能做到这一点纯粹就是依靠惯性。

有些朋友确实存在容易被外界因素干扰的问题，比如学习期间有人在房间外走动，或者是窗外传来的鸣笛声等。这时候可以试着用一个大耳机来隔绝噪声，我个人用的是下面这个：

喜欢它是因为它的耳罩足够大，能够完全罩住耳朵，但又不会像

入耳式耳机那样让耳朵难受。一个大耳机，再结合像 Noizio 这样的白噪声软件，能够营造出 “沉浸式学习”的良好氛围。

最后需要强调的一点是，长时间专注学习并不意味着完全不能中断，事实上真这样做大脑也是受不了的。正确的做法是，每学习 30 ~ 40 分钟，就让自己适当地休息一下，这样反而更容易接着学下去。

现在流行的所谓“番茄钟”，原理类似。而我个人的习惯，和以前学生时代差不多——每学习 40 分钟就休息 10 分钟左右。

因为个人比较喜欢吃坚果类的零食，休息时间我主要就是闭着眼睛吃坚果。让眼睛休息的同时让味蕾享受，只要 10 分钟，便能够再次以饱满的精神投入到学习中去（如果不是因为跑步，可能我会比现在胖很多吧）。

四、反馈

我一直认为，坚持学习最重要的一点就是要建立反馈（奖励）机制。这种机制，其实就是**把你喜欢做的事情、你想要的物件等和相对“痛苦”的学习挂钩，刺激自己去学习。**

我当然知道“学习让自己进步”，但这个激励效果太不明显了，对我不起作用！

既然没用，那就来点更直接的。比如我喜欢吃坚果，便会一次性买很多回来，但是有个规则：不学习不准吃！不得不说，有时候真的不太想学习，但竟在坚果的诱惑下学下去了。

我还会把一些自己平时想买又舍不得买，或者尚未下定决心买的物件和学习目标挂钩。

2015 年的时候，我特别想给自己换一台最新版的 MacBook Pro，但一直没下决心。当时便定了一个目标：如果我能学会简单的前端，并且让公司丑陋的网页改头换面，就奖励自己一台 MacBook Pro！

还是物质刺激更为强烈有效，我花了一个星期就基本掌握了HTML的基础用法，接着又花了一个星期基本掌握了Bootstrap的简单使用。结果不到一个月，MacBook Pro就抱回了家。

这种感觉真的很爽！

通过这个方法，我学会了HTML、JS、Bootstrap和Python。我陆续给自己购置了MacBook Pro、Surface Pro4、iPad Air2以及Apple Watch。在充分满足购物欲望的同时，我出版了一本书。而通过这些技能多赚到的钱，其实远远超过花去的费用。

这种良性循环，让我更有动力学习了！

所以要想把学习坚持下去，就不要让自己过得那么苦逼。学了就要奖励，完成小目标有小奖励，完成大目标就有大奖励。

就是通过上文介绍的这些方法，我慢慢找到了属于自己的学习节奏。而经过我的实践证明，当我们习惯了这种学习节奏，我们会开始对学习上瘾，并真正爱上学习！

方法不对，读书越多人越傻

阅读是一种美德，读书能够让我们汲取前人智慧，变得更加优秀。“人傻就要多读书”这话说的就是这个道理。

很多人很喜欢读书，家里的书琳琅满目。每次见面，他们都是手不释卷，连吐出的气都仿佛带点书香味。但不管是在工作中还是在生活中，却从未见他们有任何长进，书中的道理和智慧显然没带给他们任何帮助。

这种“读书”是有问题的。倘若我们只是把读书当作消磨时间的手段，那么自然可以不必对结果抱有期望。但如果想通过读书来提高自己，书也读了却毫无长进，就要警惕、反省了。

因为再不改变，你很可能面临更加严重的后果：读书越多让你变得越傻！

“读书越多人越傻”的例子在生活中并不少见——相信大家都见过这样一类人，他们在学校里是“学霸”，是“天之骄子”，到了社会上工作不一定能做好，人际关系处理得一塌糊涂，偏偏还自视甚高。多年读书、学习的经历非但没有让这类人的智慧有所增长，反而愈发坐实了他们“老学究”“书呆子”之类的名号。

“书呆子”的产生并不意味着“读书”对我们没有帮助，主要的问题在于：他们读书的方法很可能错了！很多时候我们看不起“书呆子”，但其实大部分人在“读书”这件事情上，或多或少犯过同样的错误。

下面，给大家列举六类最常见的错误的读书方式，大家可以对照检查：

六种错误的读书方式

1. 缺少规划

读书同样需要详细的规划。

一般而言，我们主要读三大类的书：第一类是和你的工作内容息息相关的专业类书籍；第二类是与你的兴趣相关的书籍，如书法、绘画、钢琴、运动等；第三类是消遣娱乐类书籍，如小说、漫画等。

这三大类书籍，我们应该根据自己的具体情况，制定明确、清晰的读书规划。比如当下，你迫切需要提升工作技能，为此你就需要适当牺牲自己感兴趣的书籍和娱乐类书籍的阅读时间，提高专业类书籍的阅读时间占比，甚至还可能在一段时间内只读专业类书籍。假如你在工作上已经没有太多问题了，那么花在兴趣、娱乐类书籍上的阅读时间就可以适当增多。

对于这一点，我们很多人犯的错误在于：读书太过随性，别人推荐什么就读什么，拿到什么就读什么，且有时候缺乏自控力，在娱乐类书籍的阅读上耗费过多时间。这样做造成的后果就是：我们似乎看了很多书，但其实没学到什么东西。

2. 为读而读

读书并非越多越好。

片面地追求读书的数量是很多新手容易陷入的误区。网络上充斥着很多诸如“如何一周读一本书”“如何一年读 100 本书”之类的文章。

在这类文章的误导下，不少人开始给自己安排阅读任务，并且为了完成阅读任务而煞费苦心。

不可否认，对于自控力比较弱的人来说，适当制定阅读任务有助于他们养成良好的阅读习惯。但带来的相应问题是：这使得很多人很快陷入一种“为读而读”的恶性循环。

一方面，“每周读完一本书”或者“我最近读了好多书”这种感觉能给人带来很强的优越感，但同时也很容易让人忘记阅读的初衷是提升自己，从而将阅读变成了一场攀比的游戏。

另一方面，真正的有效阅读应该是令人愉悦的，让人满足的，而死板的任务，明明状态很差也逼着自己去读书的做法，只会让你倍感痛苦，甚至开始厌恶读书。

事实上，读书的目的从来不是单纯地追求速度和数量。有的时候，把速度慢下来，把功利心抛开，你的收获反而更大。

3. 没有思考

思考在读书的过程中非常重要。

只读书不思考是很多人的坏习惯。

为什么会这样呢？因为“读书”这件事情很轻松，但“思考”会非常累。在学校时，我们身边不乏一些同学，看似每天非常勤奋地学习，成绩却总是垫底。究其原因，固然有智力、底子方面的问题，但更重要的原因在于他们缺乏思考。

这种“努力读书”，其实是用表面的勤奋来掩盖本质上的懒惰。事实上，对于书中介绍的方法和道理，他们只知道死记硬背，而不会去思考其背后所蕴含的原理性、本质性的内容，这样做最终的结果就是“知其然，不知其所以然”。

4. 不知变通

尽信书，不如无书。

很多人把书里教的方法、道理当成金科玉律，面对任何事情都以非常死板的方式去理解和处理，最后把自己变成“傻瓜”。

写书的人或许是专家，但绝对不是圣人。更何况圣人也是会犯错的。我们读书是为了学习书里的知识，为此我们更应该带着批判性的思维去读——

a. 写书的人也会犯错，所以书里的内容不一定都是正确的；

b. 书中讲的道理、知识、方法，都会有其特定的适用范围，并非在所有情况下都适用，读书的时候一定要多注意它们的适用条件；

c. 我们所处的环境每天都在发生巨大的变化，科学技术发展日新月异。对于同样的问题，实际生活中或许已经有比书里介绍的方法更佳的解决方案。

带着上面三种视角去读书，我们才能更有收获，才不会变成“读死书”的顽固分子。

5. 不做笔记

大师钱钟书当年读书必做读书笔记。

不少人对自己的记忆力非常有自信，读书从来不做笔记。

他们可能不知道，古今中外，凡是在“读书”这件事情上干得出色的，几乎没有不做读书笔记的。

我们做读书笔记，并非只是简单地记录摘抄，更是一个对书里的内容进行深入理解和系统梳理的过程。通过这种方式，我们才能真正“读懂”一本书。

正所谓“好记性不如烂笔头”。记忆力再好，过一段时间也会变得模糊。这时候如果我们把书再读一遍，既费时又费力，而回去看读书笔记，就是“温故知新”的最好方法。

6. 不去实践

“纸上得来终觉浅，绝知此事要躬行。”

早在 800 多年前，陆游便已经道出了读书的真谛：唯有理论和实践相结合，我们才能真正理解书中的道理，才能够使纸面上介绍的方法真正“为我所用”。

我们身边不乏这样的人：说起理论来滔滔不绝，显得十分厉害，但一旦开始实际操作，做出来的结果却和理论水平相差甚远，让人大失所望。

理论就是理论，实践就是实践，这两者有共通点，也有很多不同之处。

实践是理论的唯一来源，理论是实践抽象化的总结。为了取得更广泛的适用性，理论的构建总是会在现实情况之上经历了很多简化，这种方法拿来做研究是没问题的，但并不意味着我们去实践的时候也可以不考虑那些被简化的因素。

理论介绍一种方法，在100种实践环境中可能就要进行100次修正调整，而这些经验你不去实践是永远都学不会的。

以上六种情况，便是很多人在读书这件事情上犯过的错误。以这样的态度去读书，你不但得不到提高，反而会越读越“傻”。

看到这里，请大家自省，检查自己过往的读书习惯，看看有没有类似的问题。如果有，马上改正，你将会得到很大的提升，真正体会到阅读的乐趣。

把事情坚持下去！你也可以做到

据说世界上 80% 的失败都源于半途而废，这几乎已经成为阻挡我们前进的最大障碍。

看看下面的这些“坚持无能”症状，你符合几条？

“家里屯了 20 多个笔记本，每个笔记本的前几页都写满了宏伟的计划，后面几乎是空白……”

“购买了一本《如何克服拖延症》，可惜的是到现在还没开始读……”

“做了一个 21 天习惯养成计划，差不多在 2.1 天之后就放弃了……”

研究表明，几乎所有的人都有过“雄心勃勃地制订计划，心灰意冷地放弃计划”的经历。不少人甚至因此在潜意识中埋下自卑的种子——他们觉得自己之所以“一事无成”，主因便是很多事情过早放弃。更让他们绝望的是，自己明明发觉了这一事实却仍然无力改变。

然而我想说的是，事实可能并没有你想象的那么糟糕——大部分你认为因为自己过早放弃而失败的事情，继续坚持下去也不一定会有好的结果。此外，解决“做事不能坚持”这个难题也没有你想象的那么困难。

为什么有的人做事情似乎天生就很有韧性，总能够按照计划去把事情做完，而有些人则总是三分钟热度，容易半途而废？一方面是源于人与人之间自我控制力的差别，另外一个更为重要的方面在于每个人的自我激励机制不同。

人类在漫长的进化过程中，产生了一套自我激励机制。简单来说，就是通过一系列的“满足感”控制我们的行为，让我们能够在不同的环境中生存下去，并且在众多物种中脱颖而出。

早期，这种满足感主要体现在生理方面，比如食欲、性欲等。为了获得这些欲望的“满足感”，人类捕猎、交配，并据此产生原始部落，继而开始逐渐往现代社会过渡。

后来，人类需要满足的需求越来越多，且逐渐从生理层面往精神层面过渡。

完成任务之后的成就感，衣锦还乡的虚荣心，帮助他人而得到感谢之后的荣耀感……这一切其实都是通过进化发展而来的一套异常复杂的“满足体系”。本质上，是这种满足体系决定了我们大部分的行为。

但是这种天然进化的满足体系有个很大的 bug（缺陷）：人们对短期能够得到的满足都极其敏感，而对需要经过长期坚持才能得到的满足则没啥感觉。

了解了这个 bug，你会发现生活中的很多现象都很容易解释。

为什么我们看漫画、看电视能持续十几个小时，而看书却连坚持一个小时都很难做到？这是因为看漫画等娱乐类的活动，是能让我们马上获得满足感的，但读书带来的激励反馈（比如知识积累、成绩进步等）却需要经过很长的时间才能体现。这时候我们的本能就决定了我们做前面的事情容易，做后面的事情难。

从这个角度看，“三分钟热度”其实不是我们的错，而是人类基因中的缺陷。所以，真的没必要为了过去的不坚持而有心理压力。

现在，我们了解了这个 bug，便要想办法去弥补。

破解激励机制的方法主要有两点：

1. 把长期事件分解成短期事件。

2. 事件完成之后要有明确的奖励。

先说第一大点，这是一个“顺势而为”的解决方案——既然人类本能存在这一缺陷，我们不用去抗拒它，而是顺应它，并且努力让它不影响我们的工作、生活。

人类对短期激励敏感，对长期激励不敏感，我们可以把长期的任务分解成短期的任务，并且给每个短期任务设置激励点，这样就相当于把人类本能解决不了的问题转化成已经找到解决方法的问题了。

据说日本的一位马拉松选手根据这个思路制定策略，从而在 1984 年和 1987 年的国际马拉松比赛中拿到冠军。他的秘诀其实非常简单，就是踩点，然后把一整段马拉松赛程切分成很多段小赛程，并给每段赛程都设置标志物，最终取得成功。

回想一下，在生活中我们有时候会喜欢制订所谓的“年度计划”，但到了年底，这些计划却大多不了了之，这其中很重要的一个原因便是计划过于宏大。以一年为期完成任务，这种激励对我们来说几乎没有任何“诱惑力”，因为这相当于要求我们在未来一年的时间里一直抗拒自己的本能去做事情，坚持下来的难度可想而知。

而如果我们制订天计划、周计划，顺利完成任务的概率就大大提升了。因为激励周期被大大缩短，逐渐回到了我们的基因所擅长的领域。对自控力差的人来说，这种分解非常有必要，效果也很好。

不要计划一下子就读完一本书，而要把目标设定为：“一周读完一篇最少 3000 字的好文章。”这样的任务不仅不会让你面临计划失败后的沮丧，还会让你在任务完成时倍有成就感。

也不要做诸如“一个月减肥 5 斤”之类的减肥计划，改为类似“一个星期减少 1 斤”这样更为短期的计划效果更好。

除了“分解”，还有很重要的一点是我们要建立完成任务之后的激励机制。一周读完一篇好文章，读完之后有什么奖励呢？

我们不能仅仅寄希望于“我按计划完成了任务，所以获得了满足感”这种激励力度比较弱的机制，特别是对于自控力比较弱的人，应该有意识地去强化这种激励机制。

针对上面的计划，一个可以参考的调整方案是“一周读完一篇最少 3000 字的好文章，完成后便奖励自己出去吃一顿美食”。放在后面的激励可以是自己感兴趣但不常得到满足的事物。两者的结合既为任务的完成找到了最强有力的激励，又为满足自己的小兴趣找到了最好的理由。

相信我，这样做你的幸福感会加倍提升的！

按照这样的思路发展下去，我们可以逐渐丰满这个激励体系，从而建立起一套非常完整的短、中、长期计划。还是以读书为例，我们建立的一套参考计划大概是这样的：

每天阅读一篇 2000 ~ 3000 字的优质文章，完成之后可以玩一小时的电脑游戏（未完成则不准玩游戏）。

本计划累计坚持一周，奖励自己一顿大餐。

本计划累计坚持一个月，奖励自己一部 iPhone（其实可能早就想买了）。

通过完成一系列非常简单、容易完成的小任务，我们慢慢培养了阅读的习惯，之后再匹配中长期的大激励，我们会发现“每天阅读”这个看似很困难的任务也能轻松完成。

大家可以根据这个思路，修改一下自己的计划，你会发现坚持做事情并没有你想象的那么难！

提高学习效率的实用方法

一

我们学习读书，学习写作，学习一切，却唯独忘了学习“学习”这件事。

读书的时候，同样的老师，同样的课本，但班里学生的学习成绩却有着天壤之别。工作之后，有人十年停滞不前，有人三年就成为业务骨干。我们似乎对这样的现象熟视无睹，习以为常。

通常，我们会用各种理由来解释这种现象：比如人与人之间的天分有差别，又比如大家的努力程度不一样，再比如每个人的家庭背景、教育背景不同，等等。

上面的解释都是正确的！这些因素，确实会影响我们学习的效率和效果。但是，还有一个重要的影响因素被大家忽略了——那就是学习的方法。因为即便对同一个人，是否掌握良好的学习方法，都将使其最终的学习结果产生巨大的不同。

二

好的学习方法，能够十倍甚至百倍地提升一个人的学习效果，我本人便是受益者之一。

初中的时候，我是一个严重偏科的学生——数学几乎每次都拿满分，但语文长期徘徊在 90 ~ 100 分左右（满分 120 分），化学甚至要靠努力才能勉强及格。

中考的时候，化学刚过及格线，英语中等、语文中等，我是因为数学、物理、体育都几乎拿到了满分，然后才考上了本市最好的高中。进去之后，第一次期中考试时，我的成绩只排到年级 400 多名。

高中三年，我经过观察、总结，逐渐摸索出了一套学习方法，三年间成绩突飞猛进。到高考的时候，我的语文和数学成绩全市第一名，物理全市第三名，以总分全市第一名的成绩考到了清华大学，算是成功完成了一次华丽的逆袭。

我总结出来的这套学习方法，个人认为基本上适合所有人。如果横向对比，每个人用起来的效果肯定不一样，上限也不同，毕竟大家的智商、教育背景、自控力各不相同。但对同一个人来说，这个方法绝对可以大大提升学习效率和学习效果。

下面我们进入本节的核心内容，开始了解如何有效地学习。

三

想要掌握学习的方法，我们首先要了解影响我们学习效果的因素，下面我用一张思维导图来呈现它们：

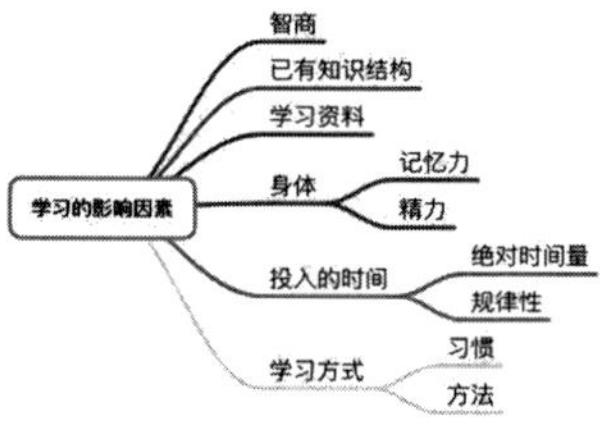

下面先简单解释一下这些影响因素：

智商：这是影响我们学习效果最主要的先天性因素之一（还有一个是身体），它很难被准确定义，大致可以理解为我们先天具备的思考能力、学习能力等。从某种程度上来说，它决定了我们的学习所能够达到的上限。

举个例子，绝大部分人通过反复训练和投入足够多的精力，其实都可以成为很优秀的人。但是如果想要达到爱因斯坦之类绝顶聪明人物的高度，几乎是不可能的，因为要达到这样的层级，先天性的因素就占据了决定性的地位。

好消息是：我们其实并不需要达到这样的高度。通过一定的努力和有效的方法，已经能够让我们成为绝大多数领域里领先的存在了。事实上很多时候制约我们的并不是智商，而是方法和努力程度。

已有的知识结构：知识是呈金字塔结构的，知识点和知识点之间往往存在相互依赖的关系。我们学习 A 知识点，可能要提前了解 B 知识点。所以，当我们已有的知识结构越完善，我们学起新知识来就越容易。

学习资料：学习资料和学习资料之间往往存在巨大的差别。学习资料的完整度、精准度等质量要素将大大影响我们的学习效率和学习结果。

身体：身体是影响我们学习效率和效果的第二个重要的先天性因素。有人天生体质好，精力旺盛，这就决定了 TA 可能更容易专注于学习，也更能做到长时间持续性学习。而对于体质稍弱的人，则可以通过锻炼等方式去改善体质。

投入的时间：我们花在学习上的总时间量，以及这些时间的分配方式，都会大大影响我们的学习效果。

学习方式：学习的方法和习惯是影响我们学习效果非常重要的因素，它是一个综合性的概念。学习方式，实际上包含了如何去拓展知识结构、寻找学习资料、锻炼身体以及分配时间等内容。

四

了解了上述影响学习效率和效果的主要因素，我们就可以有针对性地去培养属于自己的高效学习方法了。下面，我会根据前面介绍的各个因素，给出相应的解决方案。

要诀 1：学习的时间分配

对大部分普通人来说，延长学习时间是最为明显和有效的提升学习效果的方式。且不说学习领域著名的“一万小时定律”，你如果能保证每天新增 1 个小时的学习时间，长期坚持下去，效果都将是非常显著的。

学习时间包括投入时间总量和时间分配两个部分。

总量的概念很好理解：你一年内投入到学习上的时间，直接决定了你能学到多少东西，以及学习这些内容的效果。对同一个人来说，在其他因素不变的前提下，花 2000 个小时肯定要比花 1000 个小时好。而与此同时，如何在同样的时间总量下分配这些时间也是非常重要的。

在这个方面很多人容易进入一个误区：总是将自己的学习时间总量和学习效果挂钩，总觉得学习的时间越长，学习效果越好。但事实并非如此。比如说不少人很喜欢突击性学习（尤其是大学生）——平时不学，到重要关头（如考试临近）会集中全力在一段时间埋头苦干。这种学习方式的短期效果非常显著，但导致遗忘率非常高，采用这种方式学习的人，往往过了这个时间节点，学的东西就忘得七七八八了。

关于学习时间的分配，要抓住两个要点：区间学习和规律学习。

“区间学习”的意思是，我们要为自己的学习划分时间区间。因为人不是机器，每个人能够保持专注和足够效率的时间是有一定量的。一般来说，这个区间大概在 20 分钟到 1 个小时，即便有些人天赋异禀，也很难保证连续两个小时的高效率学习。

因此，我们不能去做违背生理规律的事情，而是应该顺应这个规律，给自己的学习划分时间区间。首先你要掌握自己的生理规律，看看自己的持续高效学习时间大概有多长，举个例子，假设你可以持续高效学习 40 分钟，那么你的一个学习区间就是 40 分钟，而如果你一天能够投入到学习上的时间是两个小时，就应该将这两个小时以 40 分钟为单位去划分，并且记得在区间和区间之间预留足够的休息时间（最少 15 ~ 20 分钟）。

现在很流行的番茄钟学习法，它从本质上讲就是一个划分学习区间的问题，感兴趣的朋友可以去自行购买相关的书籍来看。

再来说说“规律学习”，意思是有规律的、长期坚持的学习，这比短期无规律的、长时间学习的效果来得好。比方说，一周的学习时间总量是 10 个小时，那么，一周学习五天，每天学习两个小时要比一周学习两天，每天学习五个小时更好。此外学习的规律性也很重要，也就是说，今天 8 点开始学习，明天 10 点开始学习，肯定不如每天固定在 8 点钟开始学习。

以我的个人经验而言，就算你已经工作了，每天投入两个小时来学习还是可以做到的。所以最佳做法是每天固定在晚上 9 点到 11 点（这个因人而异），以 40 分钟为时间区间进行规律性的学习。

这里还会涉及一个新问题：学习毕竟是一件枯燥而艰苦的事情，特别是每天还要进行规律性学习（这也是很多人喜欢突击的原因），那么，到底怎样才能坚持下去呢?

我的做法是给自己建立反馈性和激励性机制，通俗点说就是要及时奖励自己的学习行为。至于具体的做法，我之前写过一篇文章，大家可以去我的简书主页看看。

要诀 2：强大的信息搜集和整理能力

学习资料（也就是信息）的全面性、精准性，会大大影响我们的学习效果，所以要想提升我们的学习效率，找到好的学习资料至关重要。事实上，恰恰是这一点让很多人都忽略了。

回想一下，我们是否做过这样的事情：想学习某个领域的知识，随便找到一本书（或者朋友推荐），或者随便下一套视频、找一些文章，就开始学习了。但我们事先并未通过一套系统性的方法去鉴别这些资料的质量到底如何。

我们处在信息过载的时代，不管我们想要学习的主题是什么，都可以轻易找出成百上千本相关教材。但是草率地拿来一套教材就开始学习是非常错误的。不好的学习资料会浪费我们的时间，降低我们的学习效率，甚至误导我们。

如何找到合适的学习资料，我也整理出了一套方法：

简单说说下面这张图。

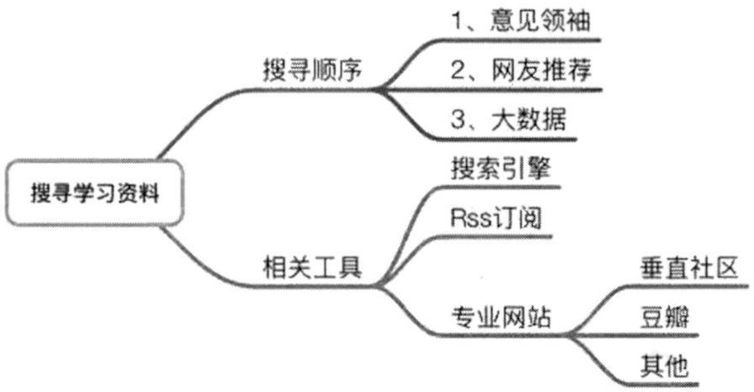

不管我们学习哪方面的知识，那个领域的专家的意见和建议绝对是最有价值的。所以搜寻学习资料的时候，先看看这些专家建议读什么书是相对高效的一种做法。

除此之外，我们学习的主题，网络上肯定还有很多人想要学习，或者正在学习。因此，看看这些人的建议也是一种节省时间、直达目标的有效做法。毕竟你正在考虑的问题人家很可能已经考虑过，并且找到解决方案了，我们完全没有必要去做重复性的劳动。

最后，现在很多公开的大数据信息也能作为我们判断学习资料的一种有效参考。举两个简单的例子，我们如何去判断一本书到底好不好呢？去“京东”“淘宝”这些大型购物网站，看看这本书的销量、购买者的评价就是很好的一种做法。而像“豆瓣”这样的网站，更是直接提供一本书在结合无数网友评价的基础上得到的评分，这些数据都是非常具有参考价值的。

在这个过程中，我们需要用到一些工具来提高我们的效率。比如百度、Google 之类的搜索引擎，一些专业性的网站列表，以及 Feedly 之类的博客和 Rss 订阅工具等。

找到了好的学习资料，我们还需要有好的方式去管理这些（这里也包括我们自己的读书笔记、学习心得等），我个人建议大家建立一套属于自己的笔记体系，这个方面我强烈推荐 Evernote，关于如何利用 Evernote 来构建笔记体系可以参考我之前写的文章，这里不再展开论述。

要诀 3：建立整体观，搭建知识架构

如上所述，知识是呈金字塔结构的，知识点和知识点之间存在依赖关系。我们要想学会 A 知识点，可能先要掌握 B 知识点。有的时候，我们觉得学某个知识点很困难，很可能是因为所必备的前置知识点没有掌握好。

因此，我们开始学习的时候一定要先建立整体观，大致了解知识点的整体结构和相互间的依存关系，学习的过程中要注意专业性和广泛性的结合，在保证专业性学习的基础上，投入足够的时间到广泛性学习上面。

举个简单的例子，我们学习 Excel 里面的函数公式功能，如果我

们不具备数学里基本的参数、公式知识是很难学好（甚至是学会）的。因此在学习之前，我们就应该先把这些前置知识点搞懂，然后再进行与 Excel 相结合的学习。

而阅读一本书，比较好的方式是先快速通读一遍，即便有些细节没搞懂也没关系。这一遍通读不是要我们搞懂全部，而是让我们先建立整体观，了解这本书的整体结构和书里知识点的依存关系，之后再有所侧重地学习，自然事半功倍。

要诀 4：培养良好的学习习惯

前面建议大家要进行规律性学习，这其实就是良好学习习惯的一种。除此之外，还有一些好的学习习惯也非常有效。

1. 记笔记

不管我们学习什么知识，一定要记笔记。记笔记的作用有很多，比较主要的两点是：第一，记笔记是我们对学习内容的消化和总结过程。笔记并不是把学习内容原封不动地记录下来那么简单，而是要融入自己的思考。第二，记笔记便于我们后续温习，正所谓“好记性不如烂笔头”。

2. 学练结合

实践是帮助我们透彻理解知识点的最好方式，所以对于一个知识点的学习一定不能停留在理论学习的层面，而是要去实践它，使用它。

3. 目标驱动

学习一定要设定目标，不能为了学习而学习。目标最好是具体的、输出性的、成果性的。要想学习写作，你可以把目标设定为出版一本自己的书；要想学习编程，你可以把目标设定为做一个自己的网站或者软件。

设定合理的目标，会让我们学起来更加有动力，更容易坚持下去，也更了解自己的学习进度和学习效果。

要诀 5：锻炼身体

在学习方法差不多的情况下，学习到最后就是拼身体、拼精力。卓越的人才各有特点，但多半有个共同的特性，那就是都具有超人的精力。

所以千万不要让自己变成只会待在书房或者图书馆的宅男、宅女，一定要投入足够的时间锻炼身体。可能因为锻炼你少了一个小时的学习时间，但由此带来的身体状况的提升或许能让你多学 1000 个小时。

五

“学习”是一个永恒的话题，单靠这寥寥数语远不能将它说透。在这里，我一方面是将经过自己实践证实的有效学习方法介绍给大家，更重要的是启发大家认识到学习方法的重要性，从而帮助大家建立适合自己的学习体系。

别再试着让自己成为全才型的庸人

一

最近，一位读者向我请教。他把自己的学习计划发给我，想让我提提意见。

仔细看了他的计划，最后我给的意见是：**把计划中的每天 1 小时的英语学习以及 1 小时的自由阅读时间全部砍掉，改为专业学习。**

他大惑不解：为什么要这样做呢？学习英语能够让我阅读国外最新的文章和技术文档，而阅读能够扩大我的知识面，为了专业的提高把这些全部舍弃，这样的做法合理吗？

我问了他一个问题：你是想成为全才型的庸人呢，还是真正成为自己的专业领域内可以独当一面的人才？

如果是后者，至少在人生的这个阶段，你应该把大部分的时间都聚焦在专业上。

下面是我对这个问题的一些思考，和大家一起探讨。

二

凡是经历过高考的朋友，想必都听说过“木桶原理”这个名词。

老师们孜孜不倦地告诉我们：高考考验的是我们的综合能力，最终决定我们能考上怎样的大学的，往往不是我们最强的科目，而是最弱的那一科。所以偏科是不行的，我们必须努力让自己成为均衡而全面的人才。这种思想对每一个中国学生都影响深远，有的甚至能伴随他们步入社会。

比方说：我们经常试着让自己成为“全面的人”。

很多人向我展示过自己的学习成长计划，无一例外，这些计划都是由大大小小不同的目标组成，比如，要通过锻炼得到六块腹肌，要努力提高外语水平，同时还要提升专业水平之类的。

我们很少思考：这样的目标真的可行吗？是否存在问题呢？

三

高考的时候，木桶原理大致上是没问题的，因为考试的规则就是这样制定的。

但是步入社会，进入职场后，我觉得限制我们的职场高度乃至人生高度的，不再是木桶原理，而是撑杆原理。

当然，这只是我自己创造的一个名词，它大概的意思是这样的：

人生就像一场撑杆跳比赛，我们的各项能力就像是一根根长度不一样的“撑杆”——最后决定我们高度的，往往是那根最长的杆子。

我们一生都在不断地学习和成长，这些努力，相当于在加长我们不同撑杆的长度。但因为我们的时间是有限的，这就涉及一个选择问题：我们到底应该如何分配自己的时间和精力，以获得最优化的结果？

就像打游戏一样：你到底选择通过打怪、打装备提升自己的装备和能力，还是选择争取在最短的时间内消灭对方以取得胜利？

“攻略”不同，带来的结果也是大不同的。

人生这场游戏，我们唯一相对公平的资源就是时间。能否合理地利用时间，直接决定了我们在这场游戏中能够取得怎样的成绩，达到怎样的高度。

本人认为，对大部分人来说，最合理的时间配置方式应该是这样的：**在人生的前期，我们最少应该把 80% 的时间花在自己的专业专长上，而在人生的后期，我们对时间的配置则可以自由灵活很多。**

这样做的理由主要有两个：

首先，“一万小时定律”告诉我们，要想在某个方面成为真正的专家，足够多的时间投入是必需的。一万小时看似不多，但如果我们采用平均分配的策略，这将是很难达到的一个目标。

其次，在人生的前期花更多的时间聚焦于专业专长，有更大的概率为后期的人生争取更多经济和时间上的自由。

四

先说第一点，专业的提高需要投入大量的时间。

要想成为某个领域的专家，至少需要一万小时的投入，但很多人并不知道，这个定律后面还说：一万小时只是最基本的要求，在很多领域往往需要两万小时、三万小时，甚至更多。

即便只是一万小时，它意味着什么呢？

一年有 365 天，假设我们每天投入两个小时在专业领域的学习上，那么一年的总学习时间是 730 小时，一万小时意味着差不多需要 14 年的时间。

当然，这里忽略了我们工作的时间。但就目前国内的基本状况而言，工作的时候我们基本处在“忙碌地完成工作任务”的状态，很少会有时间去思考和提高自己的技艺。

更何况，一年的时间里我们还要刨去生病、旅游、社交等很多根本无法学习的时段，计算下来，真正能够保证每天有 1 小时专业学习的人又有多少？

我们的时间，真的远比我们以为的要少得多！

如果你对自己的专业能力没有很高的要求，那么学习不学习都无所谓。如果你期望提高自己，在专业学习时间都严重不足的时候却去制订“全面提升计划”，是不是本末倒置了？

五

再说第二点，从整个人生阶段来看，年轻的时候，我们应该将自己大部分的时间都聚焦在专业专长的学习提升上。这里有一个大前提：我们的社会整体日趋开放公平，你的专业能力越强，收入提升的概率就越高，从而在某种程度上解放自己的时间。

如果把人生划分成一前一后两个大阶段，那么两个阶段会呈现截然不同的特点：

较年轻的前阶段：

时间多、精力充沛、身体好，但经济相对窘迫，生活方式上没有太多的选择，基本处在为生存而劳碌的状态。

较年老的后阶段：

精力变弱、身体变差，时间多少和经济好坏主要取决于前阶段的发展状况。如果发展得差，生活同样缺少选择，处于被动状态。如果发展得好，则相对会更加自由。

如果事业发展得好，那么我们只有人生的前期是在为生存和提升花时间，而在人生的中后期，我们可以把更多的时间花在自己的兴趣上。

如果事业发展得不好，经济上不自由，我们很可能一辈子都在为生存花时间，很多事情根本由不得自己。

要想改变这一切，年轻时必须付出更多的心血和精力。等到了一定的阶段，即便你还想去做什么，你的责任、精力和身体可能都不允许你去做了。

六

那么，年轻的时候我们到底应该如何分配自己的时间呢？

记住一个要点：**年轻的时候能用金钱来省时间的，就尽量不要省钱，我们要最大化地把时间用在提高自己的专业能力和收入水平上。对金钱我们要大方，对时间我们要吝啬。**

每个人的时间构成，大概是下面这样的：

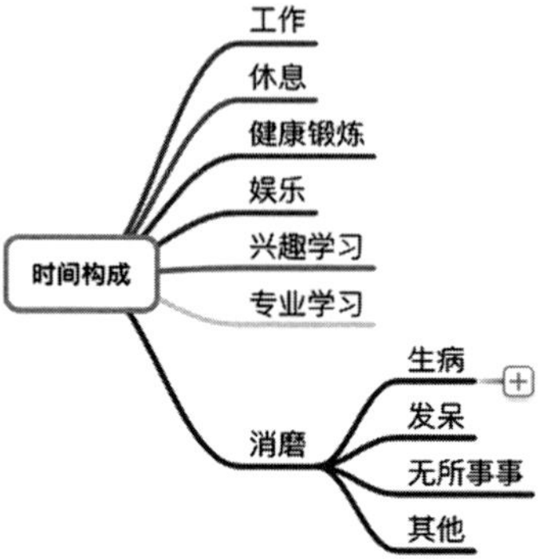

在时间构成中，工作和休息的时间几乎是固定的，我们没办法去改变它。健康锻炼是肯定不能省略的，拥有好身体也能够让我们减少无谓的时间消磨。

所以我们唯一能够相对自由分配的，无非就是娱乐、兴趣学习、专业学习及消磨这四个方面。

对年轻的我们来说，想要得到真正的自由，有时候必须适当牺牲自己在娱乐、兴趣学习上的时间，最大化减少时间的无意义消磨，而最大化地聚焦在专业学习上面。

人生不长，时间太少。

与其成为全才型的庸人，还不如在自己的领域成为真正的精英。

第四章

鸡汤有毒

一个人心智成熟的重要标志是：不缺乏追求成功的欲望和动力，并且能够以健康的心态去看待和接受失败。

///

莫让有毒鸡汤毁了你

不知在其他国家怎样，在中国，鸡汤文绝对属于畅销商品。包括我在内，相信大部分国人或多或少都接受过鸡汤的洗礼——曾几何时，《读者》《知音》等杂志成为鸡汤文的大本营，而现在微博、微信朋友圈又成为它们的新阵地，不得不感叹其生命力之强、传播面之广。

其实大部分鸡汤文的出发点是好的——无非是想要给读者传递一些“正能量”。在我为数不多的几个低谷时期，确实也有过那么一两次在鸡汤文的营养下重拾信心。但问题在于：从众多案例来看，其实鸡汤文不仅对解决问题毫无帮助，而且会让受众进入一种奇怪的状态——他们每天看起来都充满正能量，非常努力，但往往缺乏分析问题和真正解决问题的能力。这些文章本质上类似于精神安慰剂，短时间内“效果出群”，过后则一切回归原样，偏偏喝汤的人还觉得自己已经状态良好。这种奇怪的状态我们姑且称为“鸡汤病”。

无法提供实质帮助不算大事，但还会让人生病就令人难以接受了。据我观察，由于鸡汤文在国内长盛不衰，以致目前上至“60后”“70后”，下至“90后”“00后”，患“鸡汤病”的人不在少数，且大部分鸡汤病患者身上都呈现出某种程度的矛盾：这些人一面看上去乐观、努力，另一面又往往“在家不是好丈夫，在企业也不是好员工”。除此之外，鸡汤文还具有极强的传染性，被鸡汤的“正能量”所“灼伤”的人往往在不同程度上表现出一些病状。因此我认为是时候写一篇文章好好说一说这件事情，让大家看清楚鸡汤文的本质了。

一、什么是鸡汤文?

纵览各类型鸡汤文，我们会发现几乎所有鸡汤文的核心思想都可以被概括为以下两点：

1. 我们只要足够坚持和努力，就能够成功。
2. 所有的痛苦（不快乐）都属于心灵问题，也就是说，只要能够解决心灵的问题，人就能够获得快乐。

这两大核心思想可被喻为“鸡汤教”至高无上的教义，为了表达教义，鸡汤文往往会讲述一个或若干个富有感染力的小故事，故事中智慧长者、成功人士或者佛门宗师、深山行者常常会根据剧情需要不定期出镜。为了让鸡汤更好地被消化，鸡汤文在表达上必然是浅显易懂的（一般来说，小学生都可以无障碍阅读），但往往平凡中蕴藏深邃悠远的人生哲理。

为了让读者有更感性的认识，这里附上经典的鸡汤文一篇：

比尔·克利亚是美国犹他州的一个中学教师，有一次他给学生布置了一道作业，要求他们就自己的梦想写一篇作文。

一个名叫蒙迪·罗伯特的孩子用了大半夜的时间，兴高采烈地写了七大张纸来描述自己的梦想。他的梦想是将来有一天能拥有一个牧马场，他描述得很详尽，甚至还画了一幅占地200英亩，有马厩、跑道和种植园的牧马场示意图，还有一幅房屋设计图。

第二天他兴冲冲地将这份作业交给了克利亚老师。然而作业批回的时候，老师在第一页的右上角打了个大大的“F”，并让蒙迪去办公室找他。

下课后蒙迪去找老师：“我为什么只得了F？”

克利亚打量了一下眼前的毛头小伙，认真地说：“蒙迪，我承认你这份作业做得很认真，但是你的想法离现实太远，太不切实际了。要知道你的父亲只是一个没有什么资本的驯马师，你们甚至连固定的家都没有，而建立一个牧马场，得要很多的钱，你能有那么多的钱吗？”克利亚老师最后还说，如果蒙迪愿意重做这份作业，确定一个现实一些的目标，他可以给他重新打分。

蒙迪拿回自己的作业，去问父亲。父亲摸摸儿子的头说：“孩子，你自己拿主意吧，不过，你得慎重一些，这个决定对你来说很重要！”

蒙迪一直保存着那份作业，那份作业上的“F”依然很大、很刺眼，可正是这份作业鼓励着蒙迪，在创业的征程里一步一个脚印，不断超越，多年后蒙迪·罗伯特终于如愿以偿地实现了自己的梦想。

当克利亚带着他的30名学生踏进那个占地200英亩的牧马场时，他流下了忏悔的泪水：“蒙迪，现在我才意识到，我做老师时，就像一个盗梦的小偷，我偷走了很多孩子的梦，但是你的坚韧和勇敢，使你一直没有放弃自己的梦！”

有梦想才会有希望，有希望才会有拼搏的激情，守住自己的梦，并勇敢地走下去，你就会比别人更早到达成功的彼岸。

因为要阐述的观点不同，所以鸡汤文的行文和故事千变万化，但它们基本遵循和上文一样的模式。或许你很难用文字来对它进行严格的定义，但在任何时候遇到鸡汤文，你几乎可以马上认出它来。那个场景形象点儿说就是：一股浓浓的鸡汤味扑面而来。

二、鸡汤文的“毒”在哪里?

既然会让人生病,就说明鸡汤文实质上并没有看起来那么“美味”,不仅如此,鸡汤文还在美味之下隐藏着种种剧毒。上面已经阐述了鸡汤文的两条核心教义,而这两条教义就都是可以“杀人于无形之中”的致命剧毒。

1. 我们只要足够坚持和努力,就能够成功

鸡汤文最大的罪行,就是锲而不舍地倡导这种看似正面,实则扭曲的价值观。

任何一个接受过逻辑训练的人都明白:必要条件和充分条件在很多时候是不能等同的,具体到“成功”这件事,我们一般认为“坚持”和“努力”属于取得成功的必要但非充分条件。也就是说,成功往往需要坚持和努力,但坚持和努力不一定能给我们带来成功。

大部分鸡汤文都在用一个又一个的故事和案例来向我们阐述这样一个观点:“我们只要足够坚持和努力,就能够成功。”这种说法其实极具迷惑性,因为这个观点似乎往往能从我们现实生活中找到案例来验证——稍微考察一下身边比较成功的人,哪个不是辛苦打拼过来的?但事实上我们所“亲眼看到”的也并不能代表全部事实:我们只看到那些通过坚持和努力获得成功的人,却看不到更多同样坚持和努

力了最后却失败的人。相信后者中的大多数也没什么心情来和我们分享自己的故事。而为了更好地定义这种逻辑上的谬误，人们还发明了一个名词，叫“幸存者偏差”。

把坚持、努力和成功画上等号，本质上是试图将复杂的问题简单化。成功其实是一件非常复杂的事情，至今也没有哪种方法论敢宣称自己必然能够让人成功，这对一些尚未成功且丧失希望的人来说无疑是一件可怕的事情。鸡汤文的出现对这部分人来说是福音：他们往往渴望成功，又不愿意直面追求成功过程中必须面对的无比复杂的局面，但现在问题变得简单多了，他们只需要“努力坚持”就可以了。

这种思维最大的问题在于方向上出现了错误：有些复杂问题可以简化，但并非所有复杂问题都是可以简化的，成功恰好就是这么一件不可简化的复杂事件。任何一个人获得成功都不是简单的事情，这涉及 TA 的能力、背景、运气、所处的环境等诸多因素。鸡汤文的做法则是把这些影响因子中 “坚持和努力”的占比无限放大，几乎忽略其他因素。所以我们会看到鸡汤病患者的一个典型症状就是把失败归咎于自己不够努力，而不愿意去分析自己是否在其他方面出了问题。

阅读到这里，或许你会认为自己没有这些毛病，但仔细回想你是否有过类似的观点：朋友 A 创业，工作非常努力，最后还是失败了。你在心里觉得可惜，认为 TA 都那么努力还失败了，真是运气不好啊。朋友 B 创业，不是很努力，最后失败了。你觉得他不够努力，最后失败也在情理之中。

如果作出这样的判断就说明你已经在不知不觉中患上了轻度的鸡汤病：因为一般性的“努力”我们是很容易看出来的，比方说天天加班、天天出去见客户等，诸如此类。但是影响成功的其他方面的努力，如认真思考项目方向、思索项目实施方法等却很容易被忽略。当我们觉得朋友A失败可惜，朋友B失败不可惜的时候，可能是潜意识里就把朋友A那种一般性的、易于得到外界认可的“努力”放到了比较重要的位置，而不自觉地忽略了朋友B可能在其他方面努力的可能性。

这种价值观，还会在更深层次上给人带来可怕的影响——人都有停留在心理舒适区的习惯，而“努力”正好给很多在思考上懒惰的人提供了一个绝佳的心理舒适区：我已经那么努力了，最后失败是因为运气不好，这不是我本人的问题。

我们指责一个人时往往会指责他们“不够努力”，但是请大家仔细思考一下，很多时候“努力”不也是我们用以逃避现实的一个借口吗？只不过这个借口是如此的冠冕堂皇，堂皇到让人无可指摘。事实上，理智、成熟的做法是在“努力”的层面检视自己的同时，不忽略思考自己在其他方面做得是否到位。“小米”是国内近年做得很成功的一家企业，他们的一条企业价值观是“不要用战术上的勤奋掩饰战略上的懒惰”，对此我个人是十分认同的。

鸡汤文的流行，反映出我们的教育中缺失了非常重要的一个环节：学会接受失败。

鸡汤文的“我们只要足够坚持和努力，就能够成功”背后其实还有一层隐藏含义——我们做任何事情都是可以成功的。也就是说，失败是可以避免的，一个人失败只是因为 TA“不够坚持和努力”。在这样的逻辑框架下，失败显然是不可接受的，因为它暗示了人在主观方面的“不努力”。但实际上在现实世界中，成功属于偶然现象，失败才是常态。

一个人心智成熟的重要标志是：不缺乏追求成功的欲望和动力，并且能够以健康的心态去看待和接受失败。拒绝接受失败，其实就是拒绝接受真实的世界，拒绝接受自己。从这个角度来看，鸡汤病患者们其实都是心智不成熟的“小孩”。

2.所有的痛苦（不快乐）都属于心灵问题，也就是说，只要能够解决心灵的问题，人就能够获得快乐。

如果说鸡汤文的第一条教义是无限放大了“坚持和努力”的作用，属于过度积极，那么第二条教义则是无限放大了“心灵”的作用，属于过度消极。

如果你失恋了心情不好，鸡汤文会说那是因为你“没有放下”，“放下”了，心情自然就好了；如果你很穷，看到别人很有钱，觉得自己不快乐，鸡汤文会说那是因为你心灵欲望太强了，获得真正的快乐需要你控制自己的欲望，控制住欲望你就快乐了；如果你创业失败了，很郁闷，鸡汤文会说那还是因为你没有“放下”。正所谓，“只有‘放下’才能更好地出发”。

是的，你没看错！一旦涉及“心灵问题”，鸡汤文又不说“只要坚持和努力就能成功”，转而开始说“放下”了。这种论调其实是一种宿命论的变体：世界上的事情都是注定的，人们所能做的就是无条件地接受所发生的一切。只不过鸡汤文强化了“接受”，弱化了“宿命”。

就我个人而言，尽管我对这个世界抱有足够的敬畏，但还是难以认同用“接受”的方式去解决一切情绪问题。

在我看来，和喜欢的人在一起很开心，失恋了很伤心，亲人离世了很痛苦，这些都是自然而然的事情，我的这些情绪是我与这个世界所发生的一切关联在心灵的投射，是我作为一个有血有肉的人的自然反应。如果对一切事情都可以无条件、无情绪地去接受，那人和一块石头又有什么区别？

鸡汤文这种让人放弃情绪的“反人类”的教义之所以能够长盛不衰，是因为我们大部分人都难以控制和调整自己的情绪，而鸡汤文则提出用“接受”这把万能钥匙来解决一切情绪上的问题，这对不少人来说确实可以提供短时间的帮助。此外，这种解决办法似乎充满“禅”

的意境，能够“接受”代表了一个人的境界的提升。但如果我们仔细思考一下，就会发现这其实仍然是消极的做法，因为它让人在面对负面情绪时选择避让而不是直接面对。

这个世界是非常残酷的，“避让”可以换取一时的轻松而无法从根本上解决问题，我们不去面对问题但不代表问题不会对我们步步紧逼。我们身边不乏这样的人：不管是失恋还是事业失意，他们都能够很好地调整自己的心态，很快地“放下”。但他们很少去思考自己为什么会失恋、为什么会失意，很少检视自己是否做错了什么，每每只是一开始沉迷于自怜的情绪，继而得意于自己能够“放下”。当他们开始自己的新恋情或者新事业的时候，也并不会借鉴此前失败的教训而让自己做得更好，结果可想而知。

相较于选择这种鸵鸟式的解决问题的方法，我更愿意选择直接面对和调整。人之所以会有情绪，从生理上来说是因受到外界刺激而产生的激素的影响，也就是说，情绪是一种“客观”的存在。面对各种情绪，我们要做的不是去抑制它们，而是坦然面对。如果悲伤，就大声地哭；如果快乐，就大声地笑。去仔细体会自己在不同情境下最真实的情绪，反而让我们更加能够感觉到自己真实地存在于这个世界。当然，我们应该尽量避免当下的情绪对未来的生活造成不利影响，避免对身边的朋友造成伤害。我们应该训练自己“控制情绪”和“隔离情绪”的能力，毕竟每个人都生活在“当下”，不管是过去还是未来都不如“当下”重要。总而言之：接受情绪让我们成为真实的自己，而控制情绪帮助我们成为更好的自己。

三、为何要坚决治疗“鸡汤病”？

鸡汤文最厉害之处在于把两种看似矛盾的教义统一在了一起，形成了一种看似“自洽”的逻辑体系。换句话说就是：鸡汤文看似可以解决任何问题，也能够让人感觉自己可以解决任何问题，但实质上任何问题都解决不了。

看似可以解决任何问题，是因为鸡汤文的逻辑体系乍一看是非常“严密”和“自洽”的，且鸡汤文里往往还掺杂了励志、成功学等老百姓喜闻乐见的元素，具有很强的吸引力和包容性。

能够让人感觉自己可以解决任何问题，是因为鸡汤文把两个矛盾的理念融合在了一起，这样不管遇到什么情况，你总能找到一条能够说通的道理。当你失败了，想要坚持，鸡汤文会告诉你“坚持和努力必定成功”；当你失败了，不想坚持了，鸡汤文又会告诉你“放下才是获得幸福的根源”。几乎任何人面临的任何问题，都可以在鸡汤文里找到自己想要的答案。但事实是这样的：鸡汤文并不会告诉我们应该怎么做，它只不过是作为一种载体，投射出我们内心深处最真实的想法。这种载体存在的意义在于为我们的行动提供了理论依据，从而让我们觉得心安理得。

可想而知，这种理论体系对我们解决实质问题是毫无帮助的。更可恶的是，鸡汤文常常还会把人往错误的方向引导。我身边有太多的例子，有不少朋友在应该坚持的时候选择了“放下”，也有不少朋友在应该“放下”的时候却选择了坚持。之所以在每一个时间节点都做了错误的选择，一是因为他们已经在长期的逃避中丧失了分析事情的能力，二是因为他们已经习惯了从鸡汤文里为自己的退缩找到堂皇的理由。

鸡汤文传递的所谓“正能量”，无非就是给弱者一块遮羞布而已。

除此之外，鸡汤文还会为了达到目的而在“传教布道”的过程中采用很多不那么光彩的手段，比如为了说明某个道理，不惜编造故事，扭曲事实，牵强附会，以偏概全，等等。可以说，每一碗美味的鸡汤背后，都有着一些不那么美好的制作过程。

现在回过头去看本节开篇附上的经典鸡汤文，相信你的感受已经完全不同了。那就是一个典型的编造型故事（整个故事都难以得到求证），且作者试图用单一案例引出普适真理。在故事里一切都是完美的，但是或许在另外一个平行世界，孩子并没有实现自己的梦想，那么按照鸡汤文的逻辑，他又该如何面对自己的老师和父亲呢？（当然，在鸡汤文里这样的事情永远不会发生。）

真诚劝告所有朋友，请放下手中的鸡汤文，停止服用“精神毒药”。真实的世界固然存在这样或那样的不完美，但正是这些不完美让这个世界变得多姿多彩。

最大的不平凡是接受自己的平凡

一

有段时间，因为工作的需要，我得北京、广州两地跑，并且要和大量的老板打交道。

几个月接触下来，我发现了一个很有意思的现象：北方的老板多注重“面子”和形式，和他们的会面几乎都被安排在各类高档酒店，而且他们个个西装革履，连发型都是经过精心打理的；而相比之下，南方老板就显得特别“不讲究”，同他们的会面多被安排在他们公司楼下的某个茶馆或者街边大排档，老板本人常常只穿个短裤，趿拉个拖鞋就跑出来了。

我无意去分析这种现象背后深层次的文化和地域根源，对于这个现象，我有位朋友的观点倒是挺有意思的。他说：南方这些老板很多都出身贫寒，白手起家。他们其实也经历过西装革履的阶段，只不过现在功成名就了，还是觉得恢复自己的原样，做自己最舒服。更重要的是，他们已经不需要这些外在的事物来彰显自己的实力和身份了。

这个观点未必全面，不过有个地方特别打动我：这些老板他们各自的经历、背景或许不同，但他们在事业发展过程中一定也曾很多次地向社会规则妥协，而当事业发展到一定阶段时，他们中的许多人又都选择了返璞归真，回到让自己感觉最舒服的状态。或许最本真的状态不是最完美的，但却是最自然的，这种对“回归本我”的追求应该是大多数人的本能。

我们都知道，穿西装、打领带远不只是一种服饰要求，它们似乎早已成为现代社会的生存规范之一，属于现代商务礼仪中一个重要的部分，但它们也是社会生活强加给我们每个人的枷锁。我们每个人多多少少都有过需要穿西装的经历，但必须承认的一点是，越是笔挺修身的西装，舒适感越差，由于社交的需要我们有时不得不西装革履，其实只是在努力扮演着“别人眼中合乎规矩的自己”，其实很多人并不喜欢穿西装。

在工作和生活中，类似的规则和约束还有很多很多。事实上，这些规则是如此强大，强大到作为普通人的我们大都无力去打破它们，而只得被迫戴上面具，勉强自己做着别人喜欢，甚至是别人也不见得喜欢的事情。

二

五一假期时在微信朋友圈看到一则笑话：

刚才去家附近小吃部打包晚饭，偶遇一个朋友，只好互相装作没看见。毕竟都是有朋友圈的人，“黄金周”这几天他应该在马尔代夫，而我在地中海……

笑过之后我回想了一下，发现这种在朋友圈“炫富”“炫生活”的现象其实并不鲜见。之所以打双引号，是因为他们发的内容往往和现实情况脱节甚至完全不符，只是为了让看到的人形成错误的认知，觉得他们过着很好的生活。比方说只是路过某家五星级酒店，他们发朋友圈的内容却是“再次入住 ××× 酒店，可惜的是品质大不如前了，有些遗憾”；只是偶尔朋友请他们吃了顿豪华大餐，他们的朋友圈内容却变成了“×× 家的海鲜是 × 市做得最正宗的，每次来都吃不腻，强烈推荐！”

之所以有这样的行为，无疑是他们强烈的自尊心和虚荣心的混合产物，一方面对自己的真实生活状况不满，另一方面对奢华的生活有着超乎常人的向往。

或许上面的例子有些极端，但事实上我们每个人都会有意无意地做出类似的举动。试着回想一下，你是否有过加班或者熬夜学习之后发布类似“又是一个通宵加班（学习）的夜晚”并配上一张自拍照这样的朋友圈或者微博的经历？尽管这次加班很可能是你一年当中绝无仅有的一次。

这种在社交媒体中有意无意彰显自己的优越生活、勤奋刻苦……的行为是如此普遍，以至于有人利用这种心理做起了生意。当年 iPhone 在中国刚刚流行的时候，由于价格高昂几乎成为身份的象征，结果在“淘宝”上，“QQ 信息尾巴商品”（一种能使买家在 QQ 发送信息时显示“本消息发自 iPhone”的服务）居然特别畅销。

三

这种人为制造的“别人看到的我”与“真实的我”之间的迥异，并不仅存在于社交媒体，在我们的日常生活中也是随处可见。

在公共场合中，几乎所有人都能做到彬彬有礼，但是在和最亲近的人相处的时候，我们反而更容易暴露出性格中有缺陷的一面。例如，有些女孩在家的时候邋遢得很，却不妨碍她每次出门都将自己装扮得光鲜亮丽；有些女孩在遭遇挫折的时候，明明很想大哭一场，却非得在所有人面前咬牙扮演坚强。

每个人都有两个“自我”。一个是外在的自我，光鲜、完美。另一个是内在的自我，自卑、沮丧，有时候甚至丑陋。

四

坦白说，我并不认为所有这些行为都是不妥当的。事实上，建立规则和约束（不管是外在的还是内在的）是人之于动物最重要的一个区别。不管一项行为是发自内心的真实本我还是囿于约束，只要它是向好的，那么它对所有人而言就都是有益的事情。

真正的问题在于：我们一开始或许是出于虚荣，而努力将自己好的一面展现给世人，这也确实在某种程度上激励着我们去改变自己，去努力做得更好。但当这些行为过于频繁，它们的炫耀意义远超激励意义的时候，它们就转变成枷锁，使我们逐渐迷失自我，忘记去改变。

我曾经和一位购买过“QQ信息尾巴商品”的女孩聊天，她承认一开始自己只是觉得好玩，但当她发现这条消息能够引来众多艳羡的时候，她的想法就变了。后来她甚至开始觉得，与其买一部真正的

iPhone，不如就购买这种服务，赚钱买 iPhone 显然需要付出大量的努力，相比之下，购买服务则更加方便、快捷，而两者起到的实际效果其实是差不多的。

探究这些行为背后深层次的动机，说到底还是源自内心深处对自己的不认可。但**如果沉迷于伪装出的自己，而不真正地付出努力，我们将会发现真实的自我离那个伪装的假象愈发遥远，而这种巨大的落差又会进一步加深我们的自卑，从而恶性循环，最终走向彻底迷失。**

五

我曾拜访一位我非常敬重的长者，末了我请他给我一个人生告诫——

他是这样说的：千万别把我当权威，当神。其实我就是一个普通人，我也有很多缺点，但正是这些缺点和优点组合成了真实的我。如果真的要给你告诫，我想说：

最大的不平凡，就是接受自己的平凡。

比努力更重要的三件事

A 是我的一位关系非常好的朋友，他最近职业发展遇到“瓶颈”，我们畅谈了一整晚，最后发现，其实他的这种困惑在当下的职场人群中也是非常普遍的。

A 的困惑是：他是一名工作狂，在工作中有着超乎常人的勤奋，且资质不差。但他毕业近 10 年来的职业发展却非常不顺利，到现在也只是一家中型民企的普通员工。表面上被称为单位的“骨干员工”，实则是难题都由他来啃，好处却是别人得。

10 年时间，足以发生太多的事情。同期毕业的同学里，选择创业的，大部分已小有成就，去给别人打工的，也都基本上做到了管理层，唯有当初的“天之骄子”A，落后一大截。虽说也算衣食无忧，但相形之下的窘迫可想而知。

详细了解了他的情况后，我说的第一句话是：你有没有考虑过，你有可能被努力误导了？

一

长期以来我们的认知中都存在一个误区，就是过分强调努力的重要性。

为什么说“过分强调”呢，依据主要有两个：

一个是我们对待成功的态度。如果有个人继承祖业并将它发扬光大，我们固然佩服，但大部分人往往更倾向于钦佩那些白手起家的人。

另一个是我们对待失败的态度。如果有个人工作非常努力，但因为运气不好最后失败了，大家都会很惋惜。而如果有人工作不够努力（或者至少看起来没那么努力），同样因为运气不好失败了，大家的态度就截然不同了，甚至可能会指责说，“谁让你不努力”。

总结起来，现在比较流行的逻辑有这几个：

1. 我们更应该学习那些通过努力获得成功的人；

2. 如果失败，更多人倾向于认为，失败的原因是当事人“不够努力”。

也就是说，不管是成功还是失败，“努力”这项因素在人们心目中的分量都是非常重的，远超其他因素。

很少有人去思考这套逻辑是否存在问题，而我认为问题确实是存在的。

假如我们以“成功”作为目标，有很多优秀的人都非常努力，最终却仍然失败，这又是为什么呢？当然，大家都会说“尽人事，知天命”，促成成功的因素有很多，缺少哪一个都不行。但过分强调“努力”的重要性，往往会让很多人一次又一次地被自己所谓的“努力”感动，从而忽略其他因素，最终的结果就是自身能力未见长进，并且持续地重复失败。

就我看来，至少有三件事比“努力”更重要。

二

严格来讲，“比努力更重要”的说法是不准确的，因为这从“极端强调努力的重要性”跑到了另一个极端——太过忽视它。

我一直有个观点：做任何事情，“努力”都是最基本的要求。人类社会发展到今天，愈发注重公平，当每个人的发展机会相对均等，“努力”就成为获得成功的最基本因素。如果你指望着天上掉馅饼，天天躺在床上都能功成名就，那你一定不适合做我的读者。

之所以这样说，是想强调，在“努力”之外，还有太多重要因素被我们有意无意地忽略了。

而在这些重要因素中，“方法论”“选择和判断”以及“积累性”是最主要的三个。

三

方法论，指的是我们必须透过现象看本质，花时间研究各种不同现象背后隐藏的共同规律，并据此提炼出一套解决问题的、具有一定普适性的方法体系。

在之前的文章中，我曾经提到过高中阶段的真实经历。那时候我便发现身边有很多同学学习非常刻苦，花在学习上的时间也很多，但成绩就是上不去。与此相反的是，有些同学平时看起来很轻松，考试却总能拿高分。

抛去智商、教育背景的因素，这两类同学在学习方式上就存在很大的区别。“笨学生”只会刷题库，通过大量的练习来覆盖考试面。考试的时候，遇到之前做过的题就会答，遇到稍微有些变化的就歇菜了。而学霸们会专门花时间去研究不同考题的出题规律、不同公理定律的排列组合，从而摸索出一套高效的解题方法，这本质上就是方法论的一种。

方法论的核心不是思考“这样才能把一件事情完成”，而是探索“为什么通过某种方式可以把一件事情完成”。学会这样的思维习惯，能够培养我们研究世间万物运作规律的能力，带来的好处是：当同样的事情的某些因素发生变化的时候知道该如何迅速应对，以及在面对全新的问题时能思考出解决办法。

工作和创业都不是考试，不要说标准答案，连标准问题都没有。我们每一天都要面临新情况，需要解决新问题，同样的问题在极短时间内又会发生新的变化。这种情况，不是你单纯通过努力就能解决的。

四

选择和判断，代表的是我们的预判能力，也就是在一定时间范围内，预测事态走向的一种能力。

不管从事何种工作，或者只是求职，我们每天都要面临大量的“决策时期”，要做出选择。人生的所有选择汇总起来，将在很大程度上决定我们的成功概率和所能达到的高度。

有些人确实非常努力，但每逢关键节点总是做出错误的判断和选择，这样相当于总是选择阻力最大的方向去努力，固然有可能成功，但最后的成败真的主要看运气了。

我们都不是可以预测未来的先知。但这并不意味着每次判断和预测都只能靠运气，事实上针对短时间内的判断预测完全是可以通过训练提高成功率的。

选择和判断能力，背后隐藏的是一个人掌握信息的广度，以及思考信息的深度。后者可以通过长时间的训练得到提高，而前者可以通过大量的阅读以及信息搜集得到改善。

生活中，很多人的努力都只聚焦在一个点上，只专注于自己要做的事情，忽略了关联信息的搜集和深度思考。这时候如果成功了，一方面是因为努力，另一方面是因为凑巧在对的时间做了对的事情。可怕的是，他们往往将成功全部归结于自己的努力，忽略了“凑巧”这个因素。一旦周围的环境发生变化，这样的人或者企业就会迅速遭遇失败。

五

积累性，是说在一件事情上不断积累，到达足够的时间长度。

例如，前面说到的我的朋友 A，他非常聪明，非常努力，也非常有判断力，但职业生涯却非常坎坷，一波三折。2007 年刚毕业那会儿，大型国企是就业的大热门，稳定且收入高，他做出了正确的判断，如愿进入国企工作，而且做得非常不错。

但工作一年以后，他发现以国企的运作机制，就算自己再优秀也很难得到好的发展机会，便毅然跳槽到金融行业；2008 年、2009 年正是金融行业最热的时候，他同样干得非常出色；但很快又到了 2010 年，整个金融行业跌到谷底，他不得不再次转型。

毕业近 10 年里，他跳槽 4 次，现在看来每次都是对的。但是因为缺少了积累性，每次都是从零开始，所以直到现在他在最新入职的公司里还只是一名普通员工，而很多同期毕业，资质能力远不如他的人却纷纷做到了主管、部门经理的级别，彼此之间已是天壤之别。

我强调注重积累性的原因如下：

1. 在任何行业，收益往往都是被最顶尖的人支配的。但想要成为行业的顶尖人士，往往需要在一个方向上持续努力足够长的时间。

2. 任何行业，都是有周期性、波动性的。因为一个行业短暂的下滑就选择离开，也就意味着你将失去享受这个行业在下滑之后快速回升的黄金时期。特别是有些人总喜欢跳槽到巅峰行业，这样做的结果是每一次都在享受短暂的巅峰之后面临迅速下滑，蹉跎了岁月，失去了时间这个最宝贵的再也回不来的资源。

3. 机会的到来是无法预期的，但可以确定的一点是，机会肯定青睐长期在一个方向上耕耘的人。只有你在一个方向上坚持足够长的时间，积累到一定阶段，才更有能力去把握住闪现的机遇。而频繁更换行业和工作，其把握机遇的概率是不断降低的。

努力之外，多花些时间想想这三件事，或许是让你取得成功的更好方式。

道理你都懂？
别骗自己了！

一

出于工作需要，我会经常在微信公众号和“简书”这样的平台发表文章。有意思的是，每当我分享自己总结出来的理念、道理的时候（这也是我自认为最有价值的部分），下面就会有很多人开始嚷嚷：“阿何老师，这些道理我们都知道，你能不能直接讲实操技巧部分呢？”

我无意于分析发表这些言论的读者的出发点，也无意于评论他们的行为是否得当，我更多的是在思考为什么总是有这么多人觉得“道理我都懂”，事实真的如此吗？

就比如网络上很流行的一句话“道理我都懂，为何还是过不好这一生？”

大家可能更多地去关注“为何还是过不好这一生”，而我则在怀疑“道理我都懂”的真实性。

——那些我们自以为懂了的道理，是真的“懂了”吗？

二

早在上小学的时候我便发现，“懂得”其实是一种看起来容易、实际上难以达到的状态。

记得那是小学五年级的时候，有一次我和村里的小伙伴出去玩，结果他从树上掉下来了，疼得直哭。我站在一旁，看到自己最好的朋友胳膊摔肿了，也急得眼泪都出来了。

那一刻，我以为自己已经“懂得”了小伙伴的疼痛。直到一个下雨天，我在奔跑的时候滑倒，摔裂了左手的臂骨，我才真正懂得那种痛苦到底是怎样一回事。那是一种自骨髓里透出来的、无论如何都止不住的、让人绝望的疼痛（至少对当时的我而言），这种疼痛除非亲身经历，否则只靠想象是无论如何都无法体会的。

所以长大以后，倘若朋友遇到痛苦、伤心的事情，我很少再说类似于“你的痛苦我都能感受到”这样的话了。因为我非常清楚，所谓的“感同身受”其实是不存在的。如果你不经历和 TA 同样的事情、处于和 TA 完全相同的处境，是不可能做到完全“懂得”的。当然，这并不是说朋友不需要我们的安慰和陪伴，只是这些行为之所以起作用，不是因为你“懂得”他们的情绪，而是因为你向他们表达了你的关心。

你可以“理解”朋友的痛苦，但你绝对做不到“懂得”朋友的痛苦。

三

这个道理在情感上如此，在知识学习上亦如此。

我的一个朋友在她所在的省内最好的中学任教，除了指导高三的学生，她每周还要给初三的部分尖子生上两节课。她非常注重基础知识以及方法论的传授，所以在讲课的时候花了不少时间对学生进行这些方面内容的指导。但学生们并不领情，纷纷说她讲的内容太简单了，希望听到更高深的内容。

因为前来上课的几乎都是初三年级各班学习成绩最优秀的学生，所以她一开始也真的以为这些学生确实不需要再学习那些基础知识了。但是通过几次测验，她却发现事实根本不是这样——即便是非常基础的试题，还是有大量学生犯低级错误，而如果出题时将基础知识稍做演绎，学生的错误率更是显著提高。

学生们以为自己已经掌握了那些基础知识，但事实上他们对基础知识的了解仅仅停留在最浅显的层面。这种“懂得”，既不准确，也不全面，更别谈透彻了。

相信大部分人在读书的时候都会有类似的感受：我们觉得教材讲的知识非常简单，但一到考试时就这道题不会，那道题也不会。考完试去看解法，我们又每一步都能看懂，然后发现那些题目考的不过是几个简单的知识点的组合。

这个现象带给我们的思考是：这种程度的“懂得”，是否真的能称之为“懂得”？

对此，我个人的理解是：“懂得”这件事情也是存在程度深浅之分的。由浅到深，大致可以分为：了解、准确、深入、全面。当我们的“懂得”进入较深的层次后，我们就能够通过组合、演绎已经掌握的知识点去解决新问题。

事实上从字面意思上来说，“了解”也可以被称为“懂得”。但这个层次的懂得，和进入“全面”层次的懂得显然是两码事。而问题就在于，我们大部分人的“懂得”都只停留在了“了解”，却以为自己已经到达“全面”。

四

在知识的懂得上如此，在道理的懂得上更是如此。

尽管现在体重仍然超标，但我确实有减肥成功的经验。通过那次经历，我更加明白，“懂得道理”这件事情，其实是非常困难的，且道理的懂得也是可以分成若干层次的。

“肥胖会损害身体健康，我们应该努力保持自己的体重在合理范围内。”这样的道理，我相信很多人都明白。但是这种“明白”只是停留在字面意思上，只有真正经历过从“超重”到“体重正常”的人，才能真切感受到体重的不同到底会对一个人带来怎样的影响。

以我个人为例，曾经我的体重达到150斤，并且已经有得“三高”和“脂肪肝”的趋势。我通过几个月的努力把体重减到120斤左右。在这个过程中我发现，体重的减少所带来的变化绝对不只是体重数字变小，以及身体从不健康到健康。

首先我发现自己精力充沛了许多，读书学习的时候，注意力很容易就能达到以前难以达到的集中程度；其次是有种“身轻如燕”的感觉，整个人仿佛卸下了许多重担，做起事情来效率更高了；更重要的是，我发现体重轻了还会影响一个人的精神状态，我变得更加乐观和自信了。尽管还是生活在原先的那座城市、那条街道、那个小区，每天面对同样的人，我却觉得自己好像来到了全新的、比以前更好的世界！

相信很多减肥成功的朋友都会有和我类似的感受，而这种感受，没有经历过的人仅靠想象是不能体会到的。

所以如果一个人从未试过减肥，却对我说他明白“肥胖会损害身体健康，我们应该努力保持自己的体重在合理范围内”这个道理，对此我是一笑而过的。

更何况，即便你经历过，其实仍然不能说是真正明白了这个道理。因为在经历之上，还有更深一层的“懂得”。

五

在那次减肥成功后，我又慢慢胖了回去。这其中有客观原因，比如工作繁忙、应酬众多。但更多的是主观原因，比如我是一个吃货，比如我缺乏锻炼，等等。

通过那次经历，我确实明白了减肥的好处，但之后没能控制好自己的体重，是因为我没有把这次的经验“融入”自己的本能。

之所以能减肥成功，是因为我进行了严格的饮食控制和有规律的运动。但是这样就存在一个问题：“计划”总是会被“变化”打乱、自我控制不总是管用、“坚持”也终有中断的那一天。所以，这些办法终究无法让我在更大的时间跨度内保持健康的体重。

如此，我对这个道理的理解就又提升了一个层次，我开始明白，想要将一件事情长久地做下去，完全依靠自我控制是不行的，最好的办法是将它固化为本能（称为“习惯”也行）。需要依靠自我控制才能坚持的事情，会持续地消耗我们的心力，而每个人的心力是有限的，这就注定了这种行为不能持久。而“本能”则是我们会自然而然地去做，它不需要消耗任何心力，可以很轻松地持续下去—— “呼吸”就是我们的本能，而呼吸是不需要“坚持”的，它不需要我们的意志力，是自然而然就可以一直做下去的事。

到了将道理“融入”本能的阶段，才能真正称为“懂得”。从某个角度来看，古语所说的“知行合一”，也是这个意思。

六

对于“道理我都懂，为何还是过不好这一生？”这个问题，真相很可能是：我们其实并不真正“懂得”道理，所谓的“懂得”只是自欺欺人而已。

你不舒服就对了！

一

我最近在跟老婆学瑜伽，在这个过程中我感受到了前所未有的痛苦。

我无法想象，那些看似简单轻松的动作，做起来居然会让人感到如此地不舒服。

比方说，有个动作叫“四肢支撑”，就是练习者的手掌抓牢地板，把腰挺得笔直，臀部不能翘起，尾骨卷起，脚不能弯曲，膝盖也不能用力。

在我看来，发明这个动作的人简直是天才：到底得有多大的“脑洞”，才能想到如此“逆天”的动作——每一个要领都违反本能，每一个姿势都让人痛苦。

然而偏偏就是这些奇怪的动作，有助于人的健康。

老婆听到我的抱怨，说了一句很经典的话：

你不舒服就对了。

二

在瑜伽领域有个公认的看法：所有发自本能的，让你觉得舒服的姿势，都是错误的。

比如跑步，让大部分人觉得舒服的姿势是用小腿在发力。其实这样的姿势会让膝关节在跑步过程中承受过大的压力，加速磨损。很多跑步爱好者不注意这些要领，凭着感觉跑，结果没跑几年，膝关节就废了，身体没见锻炼得怎么样，倒是把自己跑进了医院。

又比如坐姿，很多人喜欢把自己窝在椅子上，放到自己觉得最“舒服自然”的位置。但其实这样的姿势对脊椎是非常有害的，有多少腰间盘突出、骨质增生都是由不正确的坐姿引发的。

为啥觉得舒服的姿势反而有害呢?

因为在漫长的进化过程中，人类在大部分时间都处于“吃不饱”的状态。为了活下去，人的身体便本能地进化出一种机制：通过尽可能多的“偷懒”，来达到最大化的节省体能的目的。

可问题在于：节省体能的姿势未必是正确的姿势，它节省了能量，却带来了其他的负面影响。

瑜伽的原理，就是指导人们学会控制自己的骨骼和肌肉，用正确的方式去使用它们。而这相当于要求你和自己的本能相对抗，所以你觉得不舒服，觉得痛苦。

但也正是这些不舒服和痛苦在保护你，让你变得更好。

三

“让你不舒服的，不一定不好”。类似的道理其实在很多时候我们是明白的。

比如自古以来，我们便有句俗语：“良药苦口利于病，忠言逆耳利于行。”

良药喝着难受，忠言听着不舒服，可它们对我们确实是有益的。

同样地，通常我们感觉舒服的某些躺姿、坐姿等，也大多对身体有害。这个道理只要稍作解释，人们也能接受。

唯有一个地方，我们经常自觉不自觉地让其保持“舒服”的姿势，尽管明明知道由此带来的危害比身体上的更甚。

那便是我们的内心。

在几千万年的进化过程中，我们的身体产生了节省体能的本能。与此类似的，我们的内心同样有一套“趋利避害”的机制，只不过趋的不一定是利，避的也不一定是害。

我们害怕引人注目（因为有可能引来潜在的威胁）。

我们害怕承担责任（因为有可能搞砸）。

我们害怕麻烦别人（担心别人会由此对我们有看法）。

……

在工作和生活中，我们会遇到很多让我们觉得不舒服、不自在的事情，对此我们会想方设法地逃离。

这种现象在心理学领域已经有了定义，称为“心理舒适区现象”，意思是说人都有尽可能让自己停留在心理舒适区的本能。

如果说姿势的舒服损害我们的身体，那内心的舒服损害的可能就是我们的人生。

四

我曾经有过一段短暂的市场工作的经历，当时有位领导对我的一次教导至今难忘。

那次公司举办了一场盛大的宴会活动，几乎整个珠三角地区的潜在大客户都来参加了。整个宴会厅坐满了人，我坐在一个偏僻的角落，羡慕地看着老员工们举着酒杯，娴熟地和来宾谈笑风生、觥筹交错。

我觉得自己作为一名销售人员，应该去做点什么，但诸多顾虑却让我一再地站起后又重新坐了下来。那位领导注意到了我的窘迫，端着酒杯走过来，和我谈了一席话。

“阿何，公司这样的活动一年只有一次。今天的机会如果不把握好，就意味着接下来的一年你都有可能很艰难。”

领导的第一句话就让我感觉后背凉飕飕的。

“其实我知道你会有很多顾虑，甚至这些顾虑我现在就能说出来。比如说你不确定自己作为新人和老员工抢客户到底好不好；又比如你刚入职不久，还不太懂如何跟客户打交道，担心自己搞砸；再比如你从来没经历过这样的场合，会紧张于很多人盯着你看，而坐在角落才能让你有种安全感，我说得对不对？”

不得不承认，领导的眼光很毒辣，他说的正是我所担心的，我点了点头。

“可是你有没有想过，你正因为害怕犯一些小错，而制造更大的错误呢！比如说你害怕给客户留下不专业的印象所以不去交流，但正是这样，这个客户可能就被别的同事开发，而你连犯错的机会都没有；又比如你因为自己紧张而逃避和客户接触，这样你接下来可能很难做出业绩，继而失去这份工作；你害怕这些小处的错误，难道就不担心由此而造成的更大，甚至大到你无法承担的错误？”

我恍然大悟，明白了自己那点小心思是多么的幼稚。

领导接着说：“其实新人做销售，最核心的一点就是要和自己的内心作斗争，将过去的一些坏毛病改掉。这也不是叫你八面玲珑，而是要你克服心理定势，让心态更加开放。其实不只是做销售，做人也是一样的道理。你可以分析一下，自己还有没有什么现在让你觉得‘舒服’但会在未来造成更大的错误的行为，这些你必须改掉。”

我觉得领导的这番话影响了未来的我。

五

那次宴会后，我专门认真、全面地反省了自己日常的行为习惯，还真的找到了很多追求短期舒适却可能造成未来更大损失的行为。

比如我特别怕“麻烦别人”，总觉得这是不好的行为。而在生活和工作上，肯定会有些事情是自己搞不定的，这时我总是宁肯花更多的时间自己研究解决，也不会轻易地向他人求助。

在反省的时候，我问自己：你是真的不愿意麻烦别人吗？还是说只是担心别人因此而在背后说你，对你有看法？你这种“不麻烦别人”的心态，究竟是为他人好，还是仅仅为了保护自己可怜的自尊心呢？

能独立解决问题当然是好事，但我们是人，不是神。既然不是神，就会有解决不了的问题。而“分工协作”工作模式，不正是人类克服单打独斗的局限朝着实现解决问题的目标而努力的强大助推器吗？

事实上，我的“从不麻烦别人”的习惯，不仅没让周围的人对我心存感激，反而让大家觉得我这个人有些“高冷”，进而不敢和我打交道，久而久之，我成了社交圈子中的“透明人”。

又比如我还有个习惯——轻易不敢回绝别人。不管是工作中还是生活中，总会有些人把事情拜托给你，比如向你借钱，让你帮忙捎带东西，等等。扪心自问，我不是那种不愿意帮助别人的人，遇到别人的求助，只要是力所能及的，我总会尽力去做。但有些时候，在时间上、精力上并不允许，我也还是开不了口拒绝，结果后来事情没办好，别人非但不感激你，反而会觉得你这个人不靠谱，答应了的事情都做不好。

不敢拒绝，实质上是害怕别人因此而指责你；勉强答应，就是让自己得到短暂解脱的一种逃避性的行为。但这种行为带来的后果很可能就是，要么事情做不好，造成更大的损失；要么总是违背自己的意愿做事，搞得自己一点都不开心。

事实上，大多数人并不会因为你一两次合情合理的拒绝而对你作出“这个人不愿意帮助他人”的评价。对于他人的求助，要么不答应，答应了就一定做好，这种品质反而能够为你赢得更多尊重。

在我们的生活中，与此类似的行为模式和行为习惯还有很多，它们大多具有这样的特点：小心翼翼地将自己保护在“心理舒适区”里，战战兢兢地维护着一种自认为良好的“外在形象”。

这其实就是脆弱。

六

习惯性地停留在心理舒适区，其实就是想把自己置于温室中，可外面的风雨太大，很多时候我们是避无可避的。

如何才能改变这种思维和行为模式呢？我认为可以从下面几个方面做起：

1. 接受自己

很多时候，我们都非常在意外界的目光，故而努力将自己塑造成“别人喜欢的模样”，戴着面具过日子。而太过在意外界的目光，便无法做真实的自己，并且常常会出于各种顾虑而做出违背内心意愿的举动。

走出心理舒适区的第一步，就是先走出“为他人而活”这个区域，真正发自内心地接受自己，接受自己的好与不好。好的继续发扬，不好的就努力改正。

2. 学会拒绝

做好自己的事情是我们的第一本分，尽力帮助他人是我们的第二本分。自己的事情都没做好的情况下，不要过分散布我们的热心，因为这样很可能导致两件事情都没做好。

能帮的尽量帮，帮不了的要学会拒绝，并说清楚拒绝的理由。

3. 学会承担

逃避责任无助于解决问题，人你可以不见，电话你可以不接，但是已经犯的错误、已经发生的事情并不会因为你的逃避而消失。逃避只能给你暂时的安全感，而由此带来的损失却会不断发酵。

做个有担当的人，该你做的事情再难都要扛下来。或许你做不好，但至少你未曾退却。自己犯的错误，要勇敢地去承担，只要死不了，总会有雨过天晴的时候。

4. 学会争取

命运是公平而残酷的，它不会慷慨到无限制地赐予，也不至于吝啬到从不给你任何机会。我们要明白机会的宝贵，珍惜每一次上天的赐予。

该争取的时候，一定要争取。你或许要面对不解的目光，或许会遭遇诸多冷嘲热讽，但人生只有一次，你的未来唯有你自己埋单，没有人会对你负责。

总而言之，我们就是要和一个又一个让我们觉得舒服、实则有害的思维定势做抗争，真正打开自己的内心，去应对世事的考验。当你总在做一些让你觉得“不舒服”的事情的时候，事态很可能就在朝正确的方向转变。

第五章

别走太快，一切都来得及

坚定的生活态度，就是在迷茫的时候仍然不忘积累。我们可以不选择，但必须持续提高，让自己的未来有更多的选择权。

珍惜生命，远离“可是”

一

因为喜欢写点个人成长和自我提升方面的文章，公众号和微博上经常会有很多人问我问题，向我求助。早些时候工作没那么忙，对于这些提问我都会尽量回复。

印象比较深的是某读者 A，她的留言大概意思如下：

阿何老师，看了你分享的个人成长故事，个人觉得非常受鼓舞。和你一样，我也是来自农村，现在在读大二，我非常渴望改变自己的命运。可是因为没有人脉，没有基础，不知道如何开始，你能帮帮我吗？

在 A 之前，我从未和“可是型”读者打交道（什么叫“可是型”

一会儿你就知道了),所以和她来回聊了几次,摘录部分对话内容如下:

我：现在大学的课业一般都不是很重，你可以利用课余时间培养一门特长，然后利用这门特长去赚钱，这样既能减轻家里的经济压力，也能让自己做更多的事情。

A：我也有过这样的想法，可是我的底子太薄弱了。别人的特长都是从幼儿园、小学就开始培养的，我现在才开始，又怎么可能赶得上他们呢?

我：那就从最简单的做起呀，比如去做家教，或者去肯德基和麦当劳打工什么的。

A：这个我也尝试过，可是收入真的太少了，而且浪费时间。靠这个我又怎么可能改变自己的命运呢?

……

在多次沟通中，我绞尽脑汁，试图将自己尝试过的方法都介绍给她，但却被一个又一个的“可是”给打了回来。直到最后我已经筋疲力尽，还是没能帮到她。后来跟这种人打交道多了，我意识到自己永远帮不了他们，从此敬而远之。

二

我在写《努力奋斗，是为了对这个世界有说“不”的权利》这篇文章的时候，曾经有读者留言：你还不是因为现在成功了，所以才出来吹牛。如果失败了，哪有空来写鸡汤啊。

这还真冤枉我了：首先，我现在还远远谈不上成功，日子过得如履薄冰；其次，个人成长类的文章，就算在我最落魄的时候我也在写啊。

可我发现，和这种人是没办法讲逻辑的：**你成功后写感悟，他说你吹牛炫富；你没成功时写感悟，他说你自己都失败了还传授个狗屁经验啊。如果你什么都不做，他又会说你是不是无话可说了呢？**

后来我才知道，这类人在网络上并不是少数，他们有个统称叫“喷子”。

这类人最讨厌的就是所谓的经历、感悟、方法、技巧。只要是这方面的内容，他们一律看作“鸡汤”，持不屑一顾的态度。

“某某成功了，不就因为他是富二代嘛。”

“你大谈什么多花钱看书，是没经历过穷人的日子，站着说话不腰疼。”

“什么年轻的时候要多投资自己，这是扯淡，不要因为你是富二代就误导人家。”

……

喷子们类似的言论我们已经屡见不鲜。任何一位作者，只要粘上他们都要头痛万分。因为不管你论述的是怎样的观点，喷子们总能站在一个奇葩的立场上给出奇葩的评论。

三

如果深入分析，你会发现 A 和喷子本质上是存在共同之处的。只不过 A 这类“可是型”的群体比较弱势，整体处于防御地位；而喷子群体比较强势，处于攻击地位。

这两类人群的共同之处是：都充满了宿命式的消极，否认方法、努力的作用，将自身的失败完全归咎于客观因素。

正因为这种性格特征，这两类人群在现实生活中一般都过得不如意，进而在长期压抑和心理失衡中形成更加极端的性格特征：对自身放纵，对他人苛刻，严重者甚至发展到仇视成功的地步。

在他们眼中，自己的失败都是由于各种客观因素，而这些因素都是不可克服的：我书读得不好，是因为父母没有文化，也没钱供我读好的学校；我找不到好工作，是因为家里没有关系；我赚不到钱，是因为我既没有家世背景也没有启动资金；我混得不如别人好，是因为没有人家那么好的基因和脑子……

相对应的，这类群体中的很多人都会认为别人的成功也是客观因素造就的：××× 创业成功了，还不是因为他有个好爹；××× 买房买车了，肯定是家里给的钱；××× 发达了，只是因为他运气太好了……

如果说这类型的人没有追求那就错了：他们一边蔑视、仇视别人的成功，另一边又幻想着自己成为富二代、官二代。他们一边不相信别人真的是靠努力改变命运的，另一边又四处取经学习，期望得到些让自己迅速改善状况的灵丹妙药。

嚣张也好，内敛也好，其实这类人群骨子里都是懦弱的。他们一方面渴望更好的生活，另一方面又不想、不敢去承受成功路上的风风雨雨。他们不愿意承认自己的懦弱，连自己内心都无法接受自己，于是走向了宿命式的消极。

所以，你会发现给他们提建议是没有用的：首先，他们骨子里就不一定相信你的建议有用；其次，你提 100 个建议，他们便能还你 200 个“可是”。但凡有些许的困难，他们都能找到让自己心安理得的退缩理由，你又怎么帮？

四

我相信，每个人或多或少会有点“可是型”和“喷子型”的特征。人之所以成长，或许就是因为在不断发现不足，改变不足。

珍惜生命，远离“可是”。

你的青春可以迷茫，但必须坚定

一

上大学的头两年，我是一名典型的愤怒式青年，批判着自己所遭遇的一切。

比如，尽管在清华大学念书，但我对学校的课程安排却不屑一顾。我搞不明白，为啥一个以计算机和物理为主要研究方向的专业，却还要学习化学这种以后一辈子都用不上的科目。

又比如，尽管心里也在期待着某一天能谈一场轰轰烈烈的爱情，但却有些看不起那些连吃饭、自习都要黏在一起的小情侣。

在那一两年的时间里，我怀疑着周围的一切，以自卑又自怜的姿态面对这个世界。我逃课、拒绝社交、抗拒交流，大部分时间都泡在学校的机房里，看电影和玩游戏是我“唯二”的爱好。

那时候疯狂迷恋一款名叫 VOS 的游戏，这是一款类似于后来的“QQ 音速”“劲舞团”等的音乐竞技游戏。通过半年多几乎不眠不休的苦练，我以令人瞠目结舌的速度成为校内小有名气的高手，这算得上是我大学前两年唯一值得自豪的事情。

除此之外的一切，不管从哪一方面看我都是个典型的失败者：我是班里最孤僻的学生，考试挂科，令班主任头痛。

面对这样的状况，尽管寻找过诸多借口来安慰自己，但内心依旧是痛苦和焦灼的。我几次三番想要振作起来，但大部分时候都是“三分钟热度”——坚持不了几天，很快又回到最初的颓废状态。那时候最真切的感受就是自己如同一个身处漩涡之中的溺水者，越挣扎反而陷落得越深。

二

后来参加一次讲座，演讲者的一句话深深地触动了我，她曾经有和我类似的经历，但最后战胜了自己，所有的感悟浓缩在一起不过是一句话：你的青春可以迷茫，但必须坚定。

迷茫和坚定，看似矛盾，实则不然。

迷茫，代表的是你对当下或者未来方向的不确定。路有千万条，但你不知道哪条适合你，又或者不知道该如何选择。

迷茫，也可以是对所处状况的不满意，但又找不到好的方式去改变它。

但迷茫并不意味着你只能无所事事，以最被动的方式度过。事实上，倘若迷茫于选择的多样性，这至少意味着你还有选择的余地，最可怕的是在迷茫中放弃自己，最后一无是处，连选择的权利都没有。

连选择的权利都没有的人不会迷茫，只会绝望。

坚定的生活态度，就是在迷茫的时候仍然不忘积累。我们可以不选择，但必须持续提高，让自己的未来有更多的选择权。

三

同样处在大学前两年的迷茫期，我的一位同学采取的应对方式就截然不同。当时我们每个学期都是有学分任务的，而他选择的课程总学分差不多是常人的 1.5 倍。清华的课业原本就十分繁重，一般人为了完成普通程度的学分任务，写作业到凌晨已经是常有的事，而对于负担着更多学分压力的他而言，则几乎要放弃所有的娱乐时间才行。

更重要的是，他选修的课程几乎每门都能拿到 90 + 的分数。此外，他还挤出时间参加科技大赛、演讲大赛等各类校内活动，且经常能拿到不错的名次。

在我看来，他属于特别有主见的那种人——对自己将来要走的路已经想得非常清楚，才能如此坚定地走下去。于是我便找了个机会和他交流。

他的回答是我预料之外的。

他说：其实我可能比你还迷茫。高中的时候唯一的目标就是高考，上大学后完全不知道自己应该干什么了。我对未来非常恐惧，因为到现在我都没找到自己真正感兴趣的方向，也正因为如此，我才拼命学习，想多掌握一些技能。因为不清楚以后会怎样，只能把当前的事情先做好，这样至少会让自己在未来多一些选择的机会。

那时候我颇有些孤芳自赏，觉得身边的人都是书呆子，只会延续高中的惯性拼命学习，只有我在思考人生。事实是我想的事情别人早就想过了，只不过我选择了“放手”，人家选择了“坚持”。

我这才意识到决定人的未来成就非常重要的一项素质：确定方向之后能够坚持下去，在完全不知道要做什么的情况下还时刻不忘提升自己。

你可以迷茫，但你必须做点什么。

四

事实上，并未发生“一句话拯救了一个人”这种狗血的事情，在和那位同学交流之后，我仍旧持续了挺长一段时间的颓废状态。但不可否认的是，确实有些事情改变了：我开始有意无意地给自己找些事情做，总之，不让自己闲着。

不喜欢的课我仍然不去上，但感兴趣的课程，我都坚持去听，而且要求自己，这些课程的考试成绩必须拿到 85 分以上。

厌恶社交的我还是不喜欢参加活动，但通过互联网我开始混网上的各种圈子，也认识了一大帮从未见过面的网友。

我开始尝试着和几个同学倒腾创业，周末往返于学校和电子器材城之间，购买各种电子元器件，跟着牛人学习嵌入式开发。

大学后期的两年多时间，虽然不像其他同学那样天天泡在教室自习，但我还挺忙的。忙起来后我发现自己居然不迷茫了，我开始认识到以前那些小心思实在有点伤春悲秋的味道，而以前百思不得其解的人生发展道路问题，渐渐有了些眉目。

后来才明白了一个道理：**人的发展道路往往不是规划出来的，而是我们把当下一件一件的事情做好之后，自然浮现出来的。**

五

到现在，我已经离开校园快10年了，事业上也取得了一定的成绩。回过头去看，大学时期经历的每一件事情，做的每一项积累，或多或少地对我产生了影响，造就了现在的我。我毕业后做的很多事情其实早在大学时期就打下了根基。

只不过在大学时期，我并未以认真的态度去面对这些事情，而是更多地沉浸在自己“迷茫”的情绪里面。

假如当初我能在迷茫的时候以坚定的态度去对待每一件事情，或许结果完全不同。

青春年少时，谁都会迷茫，但迷茫并不意味着要放弃一切，只是我们要记得，在迷茫的时候也保持坚定的生活态度，珍惜当下，努力做一些让自己变得更好的事情，即便看不清方向也不要停止脚步。

你的青春可以迷茫，但必须坚定。

毕业五年，为啥你跟同学的差距这么大？

一

我曾在问答网站“知乎”上回答过这样一个问题，这个问题大概是这样的：

刚参加完大学同学聚会，发现往日的同学一个个都大变样。当年彼此之间的差距并不大，但是现在再看简直是天壤之别。有的连续 3 年都没有考上公务员，日子过得很苦。有的却当上了小老板，或者自己创业，过得非常潇洒。同时大家说话的语气、动作和神态都发生了很大的改变，我突然觉得都不认识他们了。为什么会这样呢？

假如你已经毕业工作 3 ~ 5 年，也参加过类似的同学聚会，想必会对这个问题感同身受。确实如此，读大学的时候同学和同学之间好像没什么差别，但工作几年以后，彼此之间的际遇、发展乃至性格都会发生极大的改变。

那么，到底为什么会这样呢？

二

首先我认为这里存在一个误区：同学和同学之间的巨大差距，其实不是工作之后才有的，而是在读书阶段就存在了。

那么我们为什么会有：读书的时候好像彼此之间没有什么差别这种印象呢？

这是因为，校园是一个非常特殊的环境，在这个特殊的环境里，人的社会属性、评判体系都被单一化了，很多外部因素都被剥离了，因此造成了“同学和同学之间都差不多”的假象。

我们来做一个假想：

假如一位白手起家的年老的亿万富翁和一个刚刚毕业一穷二白的

小伙子同时流落到一个荒岛上。这个荒岛上的生存规则是这样的：谁的力气越大，大家就认为谁最优秀，他的待遇就越好。那么在这个荒岛上，小伙子得到的荣誉和待遇肯定要比年老的亿万富翁要好得多。尽管论综合能力，亿万富翁要比小伙子强很多，但在现有的规则下他的优势根本没法体现出来。

在这个假想实验中，只依靠“谁的力气大”这个单一规则作为评判的依据，人的社会属性就被大范围地剥离了。而一旦环境或者规则发生变化，评判结果也将发生巨大的变化，甚至与之前截然不同。

而校园就是和这个假想实验中的荒岛非常类似的一个环境。

校园其实就是某种程度上的“荒岛”，在里面生存的学生其社会属性是非常单一的。尽管这几年一直在说要看人的综合能力，但不可否认，在学校里看一个学生是否优秀，主要还是看成绩、社团活动、运动这些方面。如果你学分、绩点都排在年级第一，次次拿国家级奖学金，那大部分人都会认为你是优秀的。

但一个人的属性除了通过成绩、运动、社团活动来界定，还有很多很多其他的界定标准，比如家庭出身、社会关系、绘画、音乐、心理等。假如把这些因素都考虑进去，同学和同学之间的差距其实已经非常大了。

但是社会就完全不同了。

和校园相比，社会判断一个人是否“优秀”的标准发生了很大的变化。

评判标准变化了，最终的判定结果肯定很不一样。

三

除了评判标准的不同所导致的结果的不同，客观来讲，步入社会后，同学和同学之间的差距确实还会进一步拉大。

这其中很重要的一个原因，是我们从学校到社会是一个从“单一属性 PK”过渡到“综合属性 PK”的过程。

在校园里，你家里再有钱，社会关系再强大，也很难让你的考试成绩从 60 分提高到 90 分。但到社会里，你的家庭背景和社会关系更能帮助你的事业得到好的发展。

打个简单的比方，假设你在校期间非常非常优秀，毕业之后马上进入投行工作，但一年下来顶多也就几十万、百来万元的收入。但可能你的某个同学毕业后就直接接手家里的工厂，他只要平稳运营下去就能年入几百万元。

更残酷的是，在社会这个比学校复杂无数倍的环境下，不同的选择会带来截然不同的结果。两个能力相差不大的人，由于其选择的行业、企业不同，3 年后他们的发展状况也可能天差地别。

学习其实是件相对单一的事情，只要你不太笨，那么你的成绩基本是和你的努力程度、付出的时间精力成正比的。它的结果是相对可以预见的。但工作就完全不同了，社会大环境、家庭背景、社会关系、个人的努力程度，乃至时间点、运气都是重要的影响因素，它们协同作用，从而带来很不一样的结果，这个结果的可预见性是比较低的。

不管是家庭财富的积累还是家族事业的积累，都不是单靠一代人的努力可以达成的，它往往是数代人持续努力的结果。你看到的是毕业三五年后同学差距拉大，但实际上这很可能是在拿你 5 年的努力和人家整个家族几十年的努力做比较，结果可想而知。

四

这样说，是否意味着我们的努力就没有意义了呢?

当然不是这样的。

首先，如果你不努力，那么你的下一代就会延续你的老路，因为你没有给他足够的积累。如之前所言，实现阶层的跨越往往是需要几代人一起努力的，中间哪个环节断掉都不行。

你现在所做的任何努力，其实都是在为后世子孙创造更好的环境。

其次，就算是同一代人，如果能够付出足够的努力，也是有很大机会改变自身命运的。在我们身边白手起家的例子并不鲜见，也确实有很多优秀的同学通过努力让自己过上了很好的生活。总体来说：智商高、情商高又愿意努力的人，不管是在校园里还是社会上都更容易得到好的发展。

但这种改变是一个渐进的、长时间的过程，用三五年作为周期去评判太短了，需要更长的时间才能体现出来。

对待“同学之间差距拉大”这件事情，正确的心态应该是这样的：

首先，要学会用综合的眼光看待一个人，不要沉溺于校园时期的辉煌。

其次，要坚信努力可以改变自己、改变命运。且要在相对较长的时间跨度内去看待和评估自己，不要急于求成。

你学习和做事的深度，
决定了人生和事业的高度

一

我们的身边，既有勤恳工作十几年还在基层默默奋斗的普通人，也有职场资历不深却能屡屡升迁的奇才。

例如，前一段时间的话题人物董明珠女士，她就是一位不折不扣的商界奇才。初入职场时，董明珠只是格力公司一名普通的业务员，可以说，她的职业起点是很低的，但是我们仔细研究她的履历就会发现，其升迁速度简直堪比火箭，快得有些不可思议。据相关资料记载，董明珠 1990 年进入格力公司，1994 年就任经营部部长，而到了 2012 年，就成功晋升格力公司董事长，可以说是名副其实的“人生赢家”！

还有“打工皇帝”唐骏，他也是这样一位创造升迁奇迹的典型人物。唐骏1994年加入微软公司，1997年就任微软大中华区技术支持中心的总经理，到2002年，就成为微软中国公司总裁。

对于董明珠和唐骏的成功，有很多人倾向于用一种类似阴谋论的观点来解读

——他们的成功一定借助了某种外来的力量，如背景关系、潜规则等。事实上，这表明这些人下意识地认为：董明珠和唐骏绝不可能靠自己的实力成功。毫无疑问，我是不认同这种观点的，对于董明珠和唐骏在事业上取得的成就，我更倾向于相信他们是凭借自己的学习能力和做事能力。

二

自然有人萌生这样的疑问：为何能力水平近似的一群人，其职业发展速度及其所取得的成就竟会存在天壤之别？即便排除运气、环境之类的因素，差距之大也足够令人瞩目。是否存在什么秘诀或者方向性的指引，能够让我们少走弯路，让自己的人生过得更加好一些？

自2007年步入职场，我便一直在寻找答案。

有几年，我在大型国有企业里面打工。我所思考的是：我到底应该怎样做，才更容易把工作做好，得到领导的赏识，从而得到更多升迁机会。

后面几年，我有了几次创业的经历。我又站在一个管理者的角度思考：我到底应该把领导岗位、核心岗位分配给怎样的员工，才能更利于企业的发展，帮助企业创造更高的收益。

近十年来，我还一直追踪观察身边的朋友、同学的职场经历，分析他们各自的职业发展情况与其学历、性格、学习及行事方式之间的关联。

最后我发现，每个人取得的成就，都是诸多因素共同作用的结果，而在这些因素中也确实存在一些重合的部分，让这些人总是比其他人得到更多的机会，发展得更快。

简单说来就是：那些总是能够把事情研究透彻、把任务做深做细的人，往往更容易成功。

三

什么是学习的深度？学习的深度就是不局限于问题的表面，能够深入思考问题背后深层次的逻辑，并且考虑到在某些因素发生变化时，问题会相应产生怎样的变化，以及应该如何应对。

我们都说学习要具备“举一反三”的能力，其实做到这种程度还是不够的。把学习做深，代表的是研究事物背后本质性的规律，从而达到“透过现象看本质，一法通则万法通”的效果。和在学校里只要把考试考好就达标不一样的是，在职场中我们需要应对更加复杂多变的环境，单靠教科书式的“标准解法”去解决问题是远远不够的。

特别是对创业者、新业务的开拓者来说，他们可能每天都遇到新问题，这时候，只能依靠我们现有的知识结构和资源，通过灵活组合，优化调配去解决。

什么是做事的深度？**做事的深度就是能把简单的事情做得不简单。**就是面对再寻常的事，都愿意去思考每一个细节，去思考如何持续优化，去思考如果事情的关联因素发生变化，应该如何良好应对。

四

关于这两方面，我都有让自己记忆犹新的真实案例。

高一的时候，我的学习成绩只能排在班级中上，年级中游。作为一名家境贫寒、读书是唯一出路的学生，我当时非常焦虑，为此我开始仔细研究班上学习成绩好的同学。

那时候同学间非常流行购买各种辅导资料，因为这些资料往往会总结很多考试经常会考的经典题型，并给出参考解法，所以使用参考书被大家视为提高考试成绩的最佳途径。但我发现：班上学习成绩最好的那位同学，基本上不购买辅导资料。他只依靠教材和学校发的练习册，却每次都能考出很好的分数。

后来我便请教他，他说："很简单呀，教材教的是基本规则，不管是练习还是考试，肯定是要考查我们对这些基本规则灵活应用的能力。那么我看教材的时候，就会特别注意这些规则是如何组合起来使用的。做标准习题的时候，就会揣摩出题者到底是要考核哪些基本规则。把这两方面结合起来，你会发现虽然题目千千万，但考来考去无非就是基本知识点的排列组合。只要再把经典的几种排列组合学透，考高分就很容易了。"

这是我第一次认识到，和学习表象相比，学习本质有多么重要。后来在这位同学的帮助和我自己的努力之下，我的学习成绩突飞猛进，高考的时候还成了我们当地的高考状元。

另一个案例，发生在我工作的第二年。那时候大家初入职场，津津乐道的话题无非是薪水多少、周末去哪里玩之类的。但我注意到，我们当中有一位同年毕业的朋友已经成为他们公司的一个部门经理。而就我对他家庭状况的了解，他是不可能有额外的社会关系帮助他达到这个高度的（原谅我当时的第一反应也是“走后门”），所以便找了个机会和他进行了一次深度的交流。

这位朋友的见解让我受益至今，他说：

“其实站在老板的角度，让谁做管理岗位并不是一个多么复杂的问题。有时候固然要考虑背景关系和履历深度，但企业终究是要有人来做事情的，那么关键岗位到底用谁，就在于谁能把事情做好，谁能创造收益，让老板省心。

“到底怎样才能把事情做好呢？其实就是把事情做细、做深。比方说老板让你去接个客人。一般人的做法可能就是问一下客人什么时候到，联系方式是什么，然后准时去接回来到公司就完了。但换作是我，我就会想得更全面一些，如考虑是否会塞车，客人是否能适应当地环境，接到客人之后大概什么时候到公司，并据此提前通知相关人员做好准备等诸如此类的细节。

“当遇到所有的事情你都用这种态度、方式去处理，久而久之老板就会觉得你这个员工特别靠谱，特别省心，用起来放心。那么当机会出现的时候，他自然而然会第一个想到你。”

之后我开始创业，发现自己在选人用人的时候也确实是遵照这个规律——当机会出现的时候，我并不是从学历、背景这些因素去考虑用人，而是从这个人到底能否把事情做好，能否让我省心、放心来考查。

五

我的第三次创业，是做“职场充电宝”这个公众号。基本上我每个星期都会开展在线免费授课，这些课程通常能吸引到几千乃至上万听众。

通过多次授课，我发现了这样一个有意思的规律：只要在某节课上我对实际操作的技巧讲得多，那么这节课就会特别受欢迎，课后得到的评价也很高。相反，如果我在某节课上主要讲解技巧背后的理念、规律这些看似无用但实际上更有价值的东西，大家就会觉得很空洞，课后收到的批评就很多。

这其实也反映了当下一个浮躁的价值观：大家都只追求结果，却忽略过程。但我想说的是，好的结果，一定是好的准备、好的基础、好的过程造就的。如果连本质规律都没搞清楚，那么就算学会再多实际操作技巧，我们也很难“学深”“做深”。

如何“学深”，然后把事情“做深”？首先，我们不能忽视基础，即便再简单的知识也要用最认真的态度去学习；其次，我们要不断提高思考能力，加深思维层次。

改变命运，你也可以

一

这篇文章的主体是我在 31 岁生日的时候写的，现在 32 岁生日又渐渐到来。重新看回去，生活中的很多情况又发生了变化，但心中改变自己命运的信念愈发坚定。

简单说下自己现在的状况吧：

站在人生的第 32 个年头，我出版了两本属于自己的书，还有三本在陆续出版的过程中。我拥有了自己的公司，虽然规模不大，人不多，但业务发展良好，足以过上小康生活。我还有了一个可爱的女儿，她会是我未来奋斗下去的勇气的来源。

忙碌的状态一如既往，创业之后更是从朝九晚五变为朝五晚九。但总体而言，我对自己目前的状况非常满意。它是平凡而普通的，但就是这种平凡而普通，在十多年前的我看来都是那么遥不可及。

不知不觉中，我已经改变了自己的命运轨迹。不出意外的话，我还会将这件事情继续下去。

二

我出生在广东省一个贫困的小山村。一般而言，广东在大家眼中属于相对富裕的省份，但不幸的是我的家乡却与“富”毫不相干。事实上，不夸张地讲，在人生的前十几年，我一直生活在广东省最贫困镇上的最贫困村里。

而我家，又差不多是整个村里最贫困的。

令我印象很深刻的一点是，上小学和初中的时候，我感觉自己天天都吃不饱。那时正长身体，而我从六七岁开始就要和妹妹一起承担挑水、洗衣服、种地、喂猪等各种农活，我家的饭菜油水很少，所以我们兄妹俩几乎常年处于饥肠辘辘的状态。

我那时候最开心的事情就是吃肉。每个月有那么一两天，母亲会咬咬牙，拿一点钱到圩镇割点肉回来，这一天对我而言就跟过节一样。

现在我们普遍认为瘦肉比肥肉好吃，但有段时间，我和妹妹都爱肥肉甚于瘦肉，因为至少在吃了肥肉之后的几天里，我俩不像之前那样容易饿了。

那段时期，有两件事情是我记忆犹新的。

第一件事情，是我刚上高中那年，家里拿不出学费。母亲带着我，挨家挨户去借钱凑学费。在我眼中，母亲一直是坚强又乐观的。尽管日子已经过得不能再艰难，她却从未沮丧，她总说“只要一家人平平安安就好，日子总会好起来的”。我不曾想到，为了给我凑够几百块钱的学费，她可以如此低声下气。在她看来，读书是我唯一的出路，为了供我读书，她愿意付出一切，其中包括尊严。

虽然村里大部分家庭的经济都不怎么宽裕，但大多数人家还是很爽快地借了钱，可即便如此还是差了一点，最后去借的那家又是最吝啬的，那天母亲和我在那户人家软磨硬泡了好几个小时，才总算把学费给凑够了。

凑够了钱，母亲是快乐的，我却心有刺痛。尽管还是小小少年，懵懵懂懂，但我在内心深处还是感到一种隐隐的屈辱和在命运面前的无力感。

第二件事情，发生在我上高中的第二年。那时候我住校，有一次我回家拿一些生活用品，母亲递给我一瓶洗发水。我一看，发现是那种最便宜（好像是五六元钱一瓶）、最低劣的洗发水，便大声质问她："为什么你总是给我买这么差的洗发水？"

现在回想起来，那段时间我学习压力巨大，又处于青春期，发脾气或许是情有可原的。但这些理由并不能掩盖我骨子里对贫穷的恐惧、厌恶，以及由此而生的自卑感。当时我对母亲发火，那背后何尝没有责怪之意？

那件事情使我内疚至今，到现在我也忘不了母亲当时愤怒又愧疚的目光。

三

或许，"想要改变命运"的种子就是在那段时间开始生根发芽的。和别人不同的是，它平凡而卑微，少了很多理想化的色彩。

因此，直到现在，对于在事业上取得的小成绩，我总是这样说：学习和创业固然是我本身就喜欢做的事情，但之所以努力学习、努力创业，其中最根本的原因还是我想要摆脱贫穷的处境，我想要赚钱。

我不是一个物质欲望很强的人，可能连事业心都不是特别强，我从未想过自己一定要把事业做到怎样。但我有一个想法是至今未变的：首先我要对自己的家人负责，拥有一定的经济基础，为家人提供良好的生活条件；其次是我要对自己负责，只有先解决了生存问题，才有资格去追求理想。

尽管生活拮据，但我从小就颇有成为理想主义者的倾向。

比如，从很小的时候开始，我就希望自己长大后能成为一名作家，而且最好是科幻小说作家。我非常严肃地看待这件事情，甚至在小学的时候就试着写过长达10万字的科幻小说。虽然那些文字在现在看来非常稚嫩，但从字里行间仍然能体会到那时的用心。

再长大一些后，我就又多了一个理想，就是做一名老师，用自己掌握的知识帮助很多人。

一般而言，人小时候的理想是会逐渐改变，并随着年龄的增长逐渐淡忘的。在这一点上，我却稍微有些不同，尽管事业道路有些曲折，但一路走来，我发现自己做的所有事情都不曾和这两个理想脱离。而在兜兜转转中，我的命运也逐渐被改变了。

四

我为自己确定的事业道路，就是将“兴趣”和“赚钱”这两件事情结合起来，也就是努力找到自己想做，又足以保证自己能很好地生存的事业。

这样的想法其实我在上高中的时候就基本确定了，当时我是这样分析自己的：

首先，我没什么家庭背景和社会关系。这就意味着，将来不管我做什么，我的家庭能够提供的助力是非常非常小的。至于社会关系方面，一般的解决办法就是提高自己的社交能力，努力从零开始打造人脉。只可惜我属于内向型性格，对于这类事情我一方面是不擅长做，另一方面也不喜欢做。因此，我最好选择一项不需要特别依赖社会关系的事业。

其次，我的天分一般，学习成绩也一般。如果想未来有所发展，做出一点成绩，我必须要找到一套适合自己的方法论，并且长期坚持下去，提高自己的学习能力才行。

我的改变就是基于这两个分析之上开始实施的，那差不多是在我刚上高二的时候。

那时候我的学习成绩排在年级 400 名左右，属于班级中上水平。从高二上学期开始，我就非常注意学习成绩优秀的同学的学习方法，并且结合自己的实际情况在实践过程中将这些方法不断调整、优化。在学习中，比起具体的解题技巧，我更注重方法论的总结，即重点学习“学习的方法”。因为起步比别人晚，所以我对自己的要求也比别人更严格一些——别人学 2 个小时，我就学 4 个小时；别人周末在玩，而我仍然在学习。

这种学习方式在我坚持几个月后开始收到明显的效果。到了高二下学期，我以所有人都未曾预料的速度冲入了年级前 30 名，而到高考的时候，我以当地状元的身份如愿考上了清华大学。

一方面，考上大学，是我人生的一个重大转折点。当时因为是状元，所以我一下子拿到了几万元的奖金，这在很大程度上改善了我家的生活条件；另一方面，由于在高中阶段我就尝到了方法论学习和深度思考带来的好处，进入大学后我将这一套方法论体系延续了下去；而清华大学里独特的教学环境、数不胜数的牛人高手更是开阔了我的眼界，给我提供了大量可供吸收的养分。

大学四年，我的学习成绩只能算中等，但方法论、人生观、世界观都得到了进一步的健全和完善。这个时期积累下来的见识、专业素养和学习能力，给我带来了深远的影响，而我也是在这个时期基本确定了将“知识传递”作为自己的终身事业的想法。

五

毕业之后，我在国企工作了两年，但同时也以兼职的形式开启了自己的创业历程。最早的时候我和高中同学开了家贸易公司，这家公司在创立 5 年后成为所在领域的全国第一。

第二次创业，我办了一家互联网营销服务公司。在我最拮据的时候，口袋里只有 18 块钱，可是两天后就要交房租，当时我一个大男人居然绝望到要掉眼泪。

所幸，无论多么艰难，我都坚持了下来。在创业两三年以后，我发现自己之前吃过的所有的苦，付出过的所有的努力，都得到了生活的回馈。

多年来我一直保持着方法论学习和深度思考的好习惯，并且坚持将思考的内容写成文章发表到网上。渐渐地，开始有杂志社向我约稿，有出版社找我谈出版合作。慢慢地，我开始出版自己的书，逐步实现了小时候那个当作家的理想。

童年时的苦难使我在创业最艰难的时候都不曾选择放弃。经历低谷之后，公司的业务开始蒸蒸日上，收入也开始远超当初。

人们常说“是一个人的经历造就了这个人”。这并不是刻意美化苦难。不能否认，穷困的生活和辛勤的劳作，给了我坚持的韧劲，决定了我做事的方式、思考的方式，帮我确定了人生道路的方向，是我所经历的这一切造就了今天的我。

这便是我，一个平凡人的平凡故事。不值得夸耀，但足以让自己自豪。现在我写下这本书，是想通过我的故事告诉你，无论天资聪颖还是资质平凡，无论你遭遇过什么样的苦难，每一个人都可以通过努力改变自己，改变命运！